현업에서 기계관련 업무를 하면서 얻은 경험을 바탕으로 기계공학의 기본이 되는 기계제작법 책을 출간하게 되었고 기계공학을 공부하는 학생이나 산업현장에서 기계제작을 담당하는 기술자의 기초공학 교육을 증대시키는데 도움이 되었으면 한다.

핵심 기계제작법

홍기환 저

 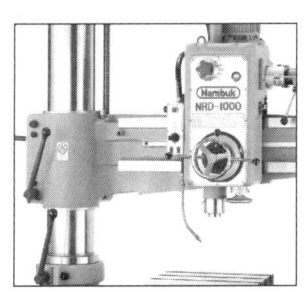 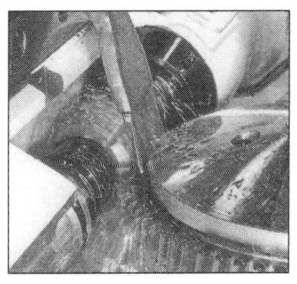  

SEJIN Books
세진북스
www.sejinbooks.kr

[머리말]

현업에서 기계관련 업무를 하면서 얻은 경험을 바탕으로 기계공학의 기본이 되는 기계제작법 책을 출간하게 되었습니다.

기술의 급진적인 발전에 따라 생산하는 제품에 대한 요구사항이 많아지고 있는 현실입니다.

본 지침서는 이론보다는 실무를 중시하여 현업에서 요구하는 다양한 제품을 생산할 수 있는 작업 방법에 도움이 되리라 생각합니다.

또한 기계공학을 공부하는 학생이나 산업현장에서 기계 제작을 담당하는 분들께 기계분야를 이해하는데 도움이 되었으면 합니다.

집필하면서 경험과 지식을 바탕으로 국내외 전문서적을 참고 하였으나, 오류가 있다면 여러분의 조언과 지도를 부탁드립니다.

출판 과정에서 수고를 아끼지 아니한 출판사 관계자분들에게 고마움을 전합니다.

저자 홍기환

[차례]

제 01 장 목형 및 주조

1-1 목형(木型) — 17
1. 목형 재료 / 17
2. 목형의 종류 / 18

1-2 주조(鑄造) — 19
1. 주물사(moulding sand) / 19
2. 주형제작 / 20
3. 금속의 용해법 / 22
4. 주물의 결함방지 및 뒤처리 / 22
5. 특수 주조법 / 23
6. 도장(painting) / 24

제 02 장 소성가공

2-1 소성가공의 개요 — 27
1. 소성가공의 장점 / 27
2. 가공경화와 재결정 / 27
3. 냉간가공과 열간가공 / 28
4. 소성가공의 종류 / 28

2-2 단조(forging) — 29
1. 단조의 종류 / 29
2. 단조용 재료 / 29
3. 단조용 기계 / 29
4. 단련계수 / 30
5. 단조 프레스 용량 / 30
6. 단조 해머의 효율 / 30
7. 강의 단조온도 / 30
8. 해머의 타격에너지 / 30

2-3 압연(rolling) — 31
1. 압하율과 폭증가 및 접촉각 / 31

2-4 압출(extrusion) — 32

2-5 인발(drawing) — 32
1. 인발가공의 종류 / 32
2. 단면 감소율 / 33
3. 인발가공조건의 영향 / 33

2-6 전조(form rolling) — 33
  1. 전조의 종류 / 33

2-7 제관(pipe making) — 34
  1. 제관법의 분류 / 34
  2. 제관법의 공정 / 34

2-8 프레스 가공 — 35
  1. 프레스 가공의 분류 / 35
  2. 전단가공 / 35
  3. 굽힘가공 / 36
  4. 디프 드로잉가공(deep drawing) / 37
  5. 특수 드로잉가공 / 37
  6. 특수 성형가공 / 38
  7. 압축가공 / 38
  8. 프 레 스 / 38

제 03 장 용접(welding)

3-1 용접의 개요 — 41
  1. 용접의 특징 / 41
  2. 용접법의 종류 / 41
  3. 각종 용접법의 정의 / 42
  4. 용접 자세 / 43

3-2 가스 용접 — 43
  1. 아세틸렌 발생기 / 43
  2. 산소용기 / 44
  3. 불꽃의 종류 / 44
  4. 청정기와 안전기 / 44
  5. 용접방법 / 45
  6. 팁의 능력 / 45

3-3 아크 용접 — 45
  1. 아크 용접기의 종류 / 45
  2. 아크 용접봉 / 46
  3. 용접부의 결함과 방지대책 / 47
  4. 아크 절단 / 48

3-4 압 접 — 49
  1. 저항 용접 / 49
  2. 기타 압접 / 50

3-5 납땜(soldering) — 50
  1. 연납(soft solder) / 51
  2. 경납(hard solder) / 51

제 04 장 열처리

4-1 열처리의 종류 — 55

4-2 일반 열처리 — 56
    1. 담금질(quenching) / 56   2. 뜨임(tempering) / 56
    3. 풀림(annealing) / 57   4. 불림(normalizing) / 57

4-3 항온열처리(Isothermal heat treatment) — 57
    1. 오스템퍼(austemper) / 57   2. 마템퍼(martemper) / 58
    3. 마 칭(marquenching) / 58

4-4 표면경화법 — 58
    1. 침탄법(carburizing) / 58   2. 질화법(nitriding) / 59
    3. 물리적인 표면경화법 / 59   4. 금속 침투법(cementation) / 59

제 05 장 공작기계 절삭 이론

5-1 공작기계 용도에 따른 분류 — 63

5-2 공작기계의 기본운동 — 64

5-3 칩의 생성과 구성인선 — 64
    1. 칩의 생성(chip formation) / 64   2. 구성인선(built-up edge) / 65

5-4 절삭조건 및 절삭저항 — 66
    1. 절삭조건 / 66   2. 절삭저항(cutting resistance) / 67

5-5 공구의 수명 및 마멸 — 68
    1. 공구의 수명식과 판정 / 68   2. 공구의 마멸 / 68
    3. 바이트의 공구각 / 69

5-6 절삭공구재료 — 69
    1. 공구재료의 구비조건 / 69   2. 공구재료의 종류 / 70

5-7 절삭제(cutting fluids)	72

    1. 절삭유의 작용 / 72   2. 절삭제의 사용 목적 / 72
    3. 절삭유의 구비조건 / 72   4. 절삭유의 종류 / 72
    5. 윤활제(lubricant) / 73

5-8 공작기계의 가공정밀도	74

제 06 장 선반가공

6-1 선반의 개요	77

    1. 선반의 종류 / 77   2. 선반의 크기 / 78
    3. 선반작업의 종류 / 78   4. 선반 바이트 구조에 따른 분류 / 79

6-2 선반의 구성요소	79

    1. 주축대(head stork) / 79   2. 심압대(tail stork) / 79
    3. 왕복대(carriage) / 79   4. 베드(bed) / 79

6-3 선반에 쓰이는 부속장치	80

    1. 센터(center) / 80   2. 센터 드릴(center drill) / 81
    3. 척(chuck) / 81   4. 기타 부속장치 / 82

6-4 테이퍼 절삭방법	83

    1. 복식 공구대를 선회시키는 방법 / 83
    2. 심압대를 편위시키는 방법 / 84
    3. 테이퍼 절삭장치(taper cutting attachment)를 사용하는 방법 / 84
    4. 가로깎는 이송과 세로깎는 이송을 동시에 작업하는 방법(NC 선반) / 84

6-5 나사 절삭 방법	84

    1. 미식선반 / 85   2. 영식선반 / 85

제 07 장 밀링가공

7-1 밀링 머신의 개요	90

1. 밀링 머신(milling machine)의 작업 종류와 공구 / 90
2. 밀링 머신의 크기 / 90

7-2 밀링 머신의 종류 및 구조   91

1. 밀링 머신의 종류 / 91
2. 밀링 머신의 구조 / 92
3. 밀링 머신의 부속장치 / 93

7-3 밀링 절삭   93

1. 밀링 절삭 방법 / 93
2. 절삭속도 및 이송(feed) / 94
3. 더브테일 홈 계산 / 95

7-4 분할작업 및 헬리컬 가공   97

1. 분할작업 / 97
2. 헬리컬 기어 가공 / 98
3. 정면 밀링 커터의 공구각 / 98

제 08 장 연 삭 기

8-1 연삭기의 종류   101

1. 원통 연삭기(cylinderical grinding machine) / 101
2. 내면 연삭기(internal grinding machine) / 102
3. 평면 연삭기(surface grinding machine) / 102
4. 센터리스 연삭기(centerless grinding machine) / 102
5. 만능공구 연삭기(universal tool & cutter grinding machine) / 103
6. 특수 연삭기 / 103

8-2 연삭숫돌   103

1. 연삭숫돌바퀴의 3요소 및 5가지 인자(因子) / 103
2. 연삭숫돌의 구성요소 / 104
3. 연삭숫돌바퀴 표시 / 105
4. 연삭숫돌작용과 수정 / 105

8-3 연삭조건   107

1. 숫돌의 원주속도 / 107
2. 공작물의 원주속도 / 107
3. 연 삭 비 / 107

제 09 장 기타 범용공작기계

9-1 드릴링 머신(drilling machine) — 111
1. 드릴링 머신에 의한 가공 / 111
2. 드릴 머신의 종류 / 112
3. 절삭공구와 절삭조건 / 113
4. 공작물 고정법 / 114
5. 치공구의 기능과 종류 / 114

9-2 보링 머신(boring machine) — 116
1. 보링 머신의 종류 / 116
2. 보링 공구 / 117

9-3 플레이너, 셰이퍼, 슬로터 — 117
1. 플레이너(planer) / 118
2. 셰이퍼의 절삭속도 / 119

9-4 기어 가공 — 120
1. 기어 절삭법 / 120
2. 호빙 머신 / 120
3. 베벨기어 가공 / 121
4. 기어 셰이빙 / 121

9-5 브로우칭 머신(broaching machine) — 121
1. 브로우치의 분류 / 122
2. 브로우치의 구조 / 122
3. 브로우치 작업 / 122
4. 브로우치의 피치와 날수 / 122

제 10 장 정밀입자 및 특수가공

10-1 정밀입자 가공 — 125
1. 호닝(honing) / 125
2. 슈퍼 피니싱(super finishing) / 126
3. 래핑(lapping) / 127

10-2 특수 가공 — 128
1. 방전 가공(electric discharge machining) / 128
2. 초음파 가공(ultrasonic machining) / 129
3. 전해 연마(electrolytic polishing) / 130
4. 버니싱(burnishing) 다듬질 / 130
5. 롤러 다듬질 / 130
6. 버핑(buffing) / 130
7. 배럴(barrel) 다듬질(텀블링) / 131
8. 숏 피닝(shot peening) / 131

제11장 NC 공작기계

11-1 CNC 기초　　　　　　　　　　　　　　　　　　　　　　　　　　135

　　1. NC의 개요 / 135　　　　　　2. NC의 특징 / 135
　　3. NC의 종류 / 135　　　　　　4. NC 공작기계 발전의 4단계 / 136
　　5. CNC와 DNC의 장점 / 136　　6. 서보 기구 / 137

11-2 프로그래밍의 기초　　　　　　　　　　　　　　　　　　　　　　139

　　1. 좌표축 및 NC테이프 코드 / 139　　2. 좌표계 / 139
　　3. 좌표계 설정 / 140　　　　　　　　4. 프로그래밍 / 140
　　5. CNC 선반의 기능 / 142

제12장 정밀측정

12-1 측정의 개념　　　　　　　　　　　　　　　　　　　　　　　　　147

　　1. 측정방법 / 147　　　　　　2. 측정오차의 종류 / 147
　　3. 측정기의 특성 / 148　　　　4. 측정기의 사용 / 148

12-2 직접 측정　　　　　　　　　　　　　　　　　　　　　　　　　　148

　　1. 버니어 캘리퍼스(vernier calipers) / 148
　　2. 마이크로미터(micrometer) / 149
　　3. 하이트 게이지(height gauge) / 150
　　4. 측 장 기 / 150

12-3 비교측정　　　　　　　　　　　　　　　　　　　　　　　　　　151

　　1. 다이얼 게이지(dial gauge) / 151
　　2. 공기 마이크로미터(air micrometer) / 152
　　3. 전기 마이크로미터(electrical comparator) / 152
　　4. 옵티미터(optimeter) / 152
　　5. 미니미터(minimeter) / 152

12-4 단면(端面) 측정(단도기)　　　　　　　　　　　　　　　　　　　152

　　1. 표준 게이지 / 152　　　　　　2. 한계 게이지(limit gauge) / 153
　　3. 기타 게이지(표준 게이지) / 154

12-5 각도 측정기   155

1. 각도 게이지 / 155
2. 사인 바(sine bar) / 155
3. 수준기(level) / 156
4. 강구 및 롤러에 의한 테이퍼 측정 / 156
5. 기타 각도 측정기 / 156

12-6 기타 측정   157

1. 안지름(내경) 측정 / 157
2. 나사 측정 / 157
3. 광선 정반(optical flat) / 158
4. 기어의 측정 / 158
5. 표면 거칠기 측정 / 158

제 13 장 수기가공(손다듬질)

13-1 금긋기 작업   163

1. 금긋기 작업 및 공구 / 163
2. 금긋기 도료 및 방법 / 164
3. 손다듬질용 공구 / 164

13-2 절단 작업   165

1. 쇠 톱 / 165
2. 정작업(chipping) / 165

13-3 줄 작업   166

1. 줄의 종류 / 166
2. 줄 작업의 종류 / 167

13-4 스크레이퍼 작업(scraping)   167

1. 스크레이퍼 작업 / 167
2. 스크레이퍼 날끝 각도 / 168
3. 스크레이퍼 작업시 주의사항 / 168

13-5 리머 작업(reaming)   168

1. 리머의 종류 / 168
2. 리머 작업시 유의사항 / 168

13-6 탭 및 다이스 작업   169

1. 탭작업(tapping) / 169
2. 다이스 작업 / 170

제14장 기계 안전 작업

14-1 보호구   173

14-2 통행과 운반   174
    1. 통행시 안전수칙 / 174   2. 운반시 안전수칙 / 174

14-3 수공구류 안전 수칙   174
    1. 해머 작업의 안전 / 174   2. 정 작업의 안전 / 175
    3. 스패너 작업의 안전 / 175   4. 드라이버 작업 / 175

14-4 다듬질의 안전수칙   176
    1. 바이스 작업 / 176   2. 줄 작업의 안전 / 176
    3. 쇠톱 작업의 안전 / 176   4. 스크레이퍼 작업의 안전 / 176
    5. 탭 작업의 안전 / 177

14-5 공작기계 작업시 안전수칙   177
    1. 공작기계의 안전수칙 / 177   2. 선반 작업의 안전 / 177
    3. 밀링 작업의 안전 / 178   4. 연삭 작업의 안전 / 178
    5. 세이퍼, 플레이너 작업의 안전 / 179
    6. 드릴 작업의 안전 / 179   7. 용접작업 안전수칙 / 179

14-6 산업안전   180
    1. 산업 재해의 직접원인 및 간접원인 / 180
    2. 안전 표지와 색체 사용도 / 181   3. 산업 재해율 / 181
    4. 소화기 종류와 용도 / 182   5. 작업장의 조명 / 182
    6. 통로 및 작업장 / 182   7. 계 단 / 182
    8. 비상용 계단 / 182

기계제작법

제 01 장 목형 및 주조
제 02 장 소성가공
제 03 장 용접(welding)
제 04 장 열 처 리
제 05 장 공작기계 절삭 이론
제 06 장 선반가공
제 07 장 밀링가공
제 08 장 연 삭 기
제 09 장 기타 범용공작기계
제 10 장 정밀입자 및 특수가공
제 11 장 NC 공작기계
제 12 장 정밀측정
제 13 장 수기가공(손다듬질)
제 14 장 기계 안전 작업

기계제작법은 재료를 가공 및 성형하여 사회 및 일상 생활에 유용한 기구, 기계, 장치 등을 만드는 과학기술 중에서 주로 기계적 방법으로 금속 재료에 변형을 일으키게 하는 것을 기계공작(mechanical technology)이라 한다. 여기서, 절삭가공은 절삭공구를 사용하여 칩(chip)을 발생시키면서 필요로 하는 모양으로 가공하는 방법이며, 절삭가공의 목적에 사용되는 기계를 공작기계(mechine tool)라 하고, 비절삭가공은 소재와 제품의 형태는 변하여도 체적이 심하게 변하지 않는 가공을 좁은 의미에서 소성가공이라 하고, 비절삭가공의 목적에 사용되는 기계를 금속가공기계라 한다.

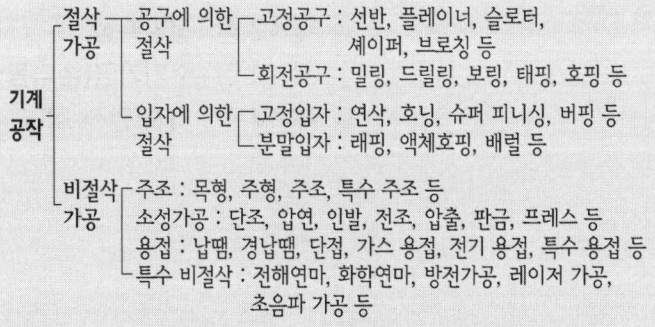

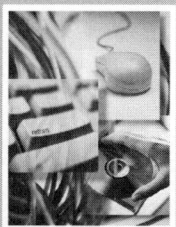

기·계·제·작·법

제01장
목형 및 주조

1-1 목형(木型)
1-2 주조(鑄造)

제01장 목형 및 주조

주물 제품을 만드는 과정을 주조라 하며, 제작 과정은 모형을 만든 다음 주형을 만들고, 주형에 용융된 금속을 주입하여 주물을 만든다. 모형의 재료로는 가공이 쉽고, 가볍고, 취급이 편리한 목재가 주로 사용되며, 목재 이외에 금속이나 석고, 왁스, 플라스틱 등이 사용된다.

1-1 목형(木型)

1. 목형 재료

(1) 목재의 수축

목재의 수축 : 침엽수 〈 활엽수, 심재 〈 변재
① **섬유 방향(수간 방향)** : 0.1~0.4%
② **연수 방향(수간의 직각)** : 2.5~5%
③ **연륜 방향(나이테 방향)** : 5~12%

(2) 목재의 수축방지조건

① 양재를 선택할 것
② 장년기의 수목을 동기에 벌채할 것
③ 건조재를 선택할 것
④ 많은 목편을 조합하여 만들 것
⑤ 적당한 도장을 할 것

> **참고** 목형용 재료의 구비조건
> ① 변형이 적을 것
> ② 재질이 균일할 것
> ③ 가공이 쉬울 것
> ④ 내구성이 클 것
> ⑤ 가격이 저렴할 것

(3) 목재건조법

목재의 수축 및 변형을 방지하고, 부패, 충해의 방지, 중량의 경감, 강도의 증대가 건조법의 목적이다.
① **자연건조법**
　㉠ 야적법 : 원목이나 큰 각재의 건조시에 이용

ⓒ 가옥적법 : 판재나 할재를 건조할 때 이용
② **인공건조법** : 짧은 시간내 인공적으로 수분과 수액을 제거하여 건조시키는 것.
 ㉠ 증재법 : 스팀으로 건조하는 법
 ㉡ 침재법 : 수중에 담갔다가 꺼내어 건조하는 방법
 ㉢ 자재법 : 용기에 넣고 쪄서 건조하는 방법
 ㉣ 그밖에 훈재법, 열풍건조법, 진공건조법, 전기건조법, 약제 건조법 등

(4) 목재방부법

① **도포법** : 목재 표면에 페인트를 도포하거나 크레졸유를 주입하는 방법
② **자비법** : 방부제를 끓여서 목재에 침투시키는 방법
③ **침투법** : 목재에 염화아연, 황산동 수용액을 흡수시키는 방법
④ **충전법** : 목재에 구멍을 뚫어 방부제를 넣어 놓는 방법

2. 목형의 종류

(1) 목형의 종류

① **현형**(solid pattern) : 제품치수에 가공여유, 수축여유, taper 등을 고려하여 실제 부품과 같은 형태로 만든 모형

[분할목형]

 ㉠ 단체목형(one piece pattern) : 간단한 주물(레버, 뚜껑 등)
 ㉡ 분할목형(split pattern) : 일반 복잡한 주물(아령)
 ㉢ 조립목형(built up pattern) : 아주 복잡한 주물 또는 대형인 주형제작(상수도관용 밸브류)
② **부분목형**(section pattern) : 대형 기어나 프로펠러
③ **회전목형**(sweeping pattern) : 회전체로 된 물체(풀리)
④ **고리개목형**(strickle pattern) : 가늘고 긴 굽은 파이프에 쓰이며 긁기형이라고 한다.
⑤ **골격목형**(skeleton pattern) : 대형 파이프, 대형 주물 등 주조 개수가 적을 때 사용
⑥ **코어목형**(core box) : 코어 제작시 사용(수도꼭지, 파이프 등 속이빈 중공주물 제작)
⑦ **매치 플레이트**(match plate) : 소형제품 대량생산하고자 할 때 사용, 여러 개의 주형 동시제작
⑧ **잔형**(lose piece) : 주형제작시 목형을 먼저 뽑고 곤란한 목형부분을 주형속에 남겨 두었다가 다시 뽑는 것

(2) 목형제작시 유의사항

① **수축여유**(shrinkage allowance) : 수축에 대한 보정량
② **가공여유**(machining allowance) : 주물의 표면을 정밀도에 따라 절삭가공할 경우의 여유량

[수축 여유]

재료	수축길이 1m에 대하여(mm)	1m 주물자의 실제 길이(mm)
주 철	8.5~10.5	1008
주 강	18~21	1020
황 동	10.6~18	1015
청 동	13~20	1015
알루미늄	20	1020

[가공 여유]

다듬질정도	가공여유(mm)	재질	가공여유(mm)
거치른다듬질	1~5	주 철	3~6
중간다듬질	3~5	주 강	3~6
정밀다듬질	5~10	황동·청동	3~5

③ **목형 구배**(taper) : 목형을 빼기 쉽게 하기 위해 1m 길이에 6~10mm 정도의 구배(1~2°)
④ **라운딩**(rounding) : 목형의 모서리 부분을 둥글게 하여 결정을 균일하게 성장시킴
⑤ **덧붙임**(stop off) : 목형의 변형을 막기 위한 보강대
⑥ **코어 프린트**(core print) : 코어시트(core seat)를 만들기 위한 목형의 돌기부(코어고정)

> **참고** 목형제작에서 주물자를 이용하는 이유
> 쇳물이 굳을 때 줄기 때문에

(3) 주물금속의 중량(W_m) 계산식

$$W_m : W_p = S_m : S_p$$

$$\therefore W_m \doteqdot \frac{S_m}{S_p} W_p [\text{kgf}]$$

여기서, W_m, S_m : 주물의 중량 및 비중
W_p, S_p : 목형의 중량 및 비중

1-2 주조(鑄造)

1. 주물사(moulding sand)

(1) 주물사의 구비조건

> **참고** 주물사의 주성분
> 석영, 장석, 운모, 점토

① 성형성이 좋고, 적당한 강도를 가질 것.
② 내화성(耐火性)이 크고, 화학반응을 일으키지 않을 것.
③ 통기성(通氣性)이 좋고, 보온성이 있을 것.
④ 열전도율이 불량할 것.
⑤ 아름답고 매끈한 주물 표면이 얻어질 수 있을 것.
⑥ 가격이 싸고, 구입이 용이할 것.

(2) 주물사의 시험법

① **수분 함유량**

$$수분\ 함유량(\%) = \frac{시료무게(50g) - 건조후\ 시료무게}{시료무게(50g)} \times 100$$

② **입도(grain size)** : 모래 입자의 크기를 mesh로 표시하는 것.

$$입도(\%) = \frac{체\ 위에\ 남아\ 있는\ 모래의\ 무게(g)}{시료(g)} \times 100$$

$$입도\ 지수 = \frac{\sum W_n S_n}{\sum W_n}$$

여기서, W_n : 각 체위에 남아 있는 모래의 중량(%)
S_n : 입도계수
mesh(메시) : 체의 길이 1inch 내에 있는 체의 눈 수

③ **통기도** : 시험편을 통기도 시험기에 넣어 일정 압력으로 한쪽에서 2000cc의 공기를 보낼 때 일어나는 공기압력의 차이와 그 시간을 측정하여 다음 식으로 통기도를 구한다.

$$통기도(K) = \frac{Qh}{PAt}[cm/\min]$$

여기서, Q : 시험편을 통과한 공기량(2000cc)
h : 시험편 높이(cm)
P : 공기 압력(수주의 높이 : cmAq)
A : 시험편의 단면적(cm^2)
t : 통과 시간(min)

④ **강도** : 인장강도, 압축강도, 전단강도, 굽힘강도 시험 등이 있다.
⑤ **내화도** : 용융온도와 소결도를 측정한다.
 ㉠ 소결내화도법
 ㉡ Seger cone법(용융 내화도)

2. 주형제작

(1) 주형 만드는 방법에 의한 분류

① **바닥 주형법** : 바닥 모래에 목형을 넣고 다져 주형을 만든 방법
② **혼성 주형법** : 바닥 모래와 주형 상자를 써서 주형을 만드는 방법
③ **조립 주형법** : 주형 도마 위에 주형상자를 2개 또는 3개를 겹쳐 놓고 주형을 만드는 방법

(2) 주형 각부의 제작요령

① **다지기(ramming or tamping)** : 주형을 다지는 것.
② **가스빼기(venting)** : 주형중의 공기, 가스 및 수증기를 배출공(排出孔)을 통하여 배출시키는 구멍

③ **탕구계(gating system)** : 주형에 쇳물을 주입하기 위해 만든 통로로 쇳물받이(pouring cup), 탕구(湯口, spruce), 탕도(runner), 주입구(gate)로 구성

㉠ 탕구비(쇳물 아궁이 비) = $\dfrac{\text{탕구봉의 단면적}}{\text{쇳물통로 단면적}}$

(주철 1 : 1~0.75, 주강 1 : 1~1.2~1.5)

㉡ 탕구의 높이와 유속(流速)

$$v = c\sqrt{2gh}$$

여기서, v : 유속(cm/sec)
g : 중력의 가속도
h : 탕구 높이
c : 유량계수

㉢ 주입 시간

$$t = s\sqrt{W}$$

여기서, t : 주입 시간(sec)
W : 주물의 중량(500kg까지)
s : 주물 두께에 따른 계수

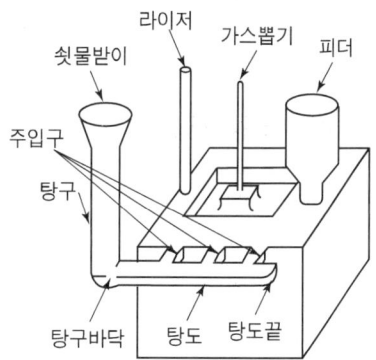

[주형의 각부 명칭]

④ **압상력(狎上力)** : 용융금속을 주입시 주형의 투형 면적에 대한 쇳물 아궁이의 높이에 비례하는 압상력이 작용하여 위 상자가 압상되므로 중추(weight)를 올려 놓는다. 중추의 무게는 압상력의 약 3배로 한다.

㉠ 쇳물의 압상력 : P

$$P = AHS \,[\text{kgf}]$$

여기서, A : 주물을 위에서 본 면적
H : 주물의 윗면에서 주입구 표면까지의 높이
S : 주입 금속의 비중

㉡ 주형 내에 코어가 있을 경우 코어의 부력은 $\dfrac{3}{4}VS$로 계산한다.

$$P_c = AHS + \dfrac{3}{4}VS \,[\text{kgf}]$$

여기서, V : 코어의 체적

⑤ **덧쇳물(feeder)** : 덧쇳물(狎湯)을 설치하면 다음과 같은 이점이 있다.

㉠ 주형 내의 쇳물에 압력을 준다.
㉡ 금속이 응고할 때 체적 감소로 인한 쇳물 부족을 보충한다.
㉢ 주형 내의 불순물과 용재(溶滓)의 일부를 밖으로 내보낸다.
㉣ 주형 내의 공기를 제거하며, 주입량을 알 수 있다.

응고층의 두께 $\delta = K\sqrt{t}$

여기서, t : 시간
K : 재질 및 두께에 따른 계수

[주물 제품]

⑥ **플로우 오프(flow off) 또는 라이저(riser)** : 쇳물을 주입시, 쇳물이 주형에 가득찬 것을 관찰한다.
⑦ **냉각판(chilled plate)** : 두께가 같지 않은 주물에서 전체를 같게 냉각시키기 위해 사용
⑧ **코어 받침대(core chaplet)** : 코어가 움직이지 않도록 받쳐 주는 것으로 코어 받침(chaplet)은 주물의 재질과 같은 것으로 만든다.

3. 금속의 용해법

① **큐폴라(cupola)** : 주철을 용해, 1시간당의 용해량으로 크기를 표시(ton/hr)
② **전로(converter)** : 주강의 용해에 쓰인다. 일명 Bessemer furnace
③ **도가니로(crucible furnace)** : 경합금, 동합금, 합금강의 용해에 쓰이며 1회 용해할 수 있는 금속 중량으로 번호를 표시한다.   [예] 구리 1kg을 용해 ⇒ 1번 도가니
④ **전기로(electric furnace)** : 아크로, 고주파 유도로가 있으며 제강, 특수 주철의 용해, 합금제조, 금속정련 등에 쓰인다.
⑤ **평로(open heat furnace)**
 ㉠ 산성 평로 : 규소 내화물
 ㉡ 염기성 평로 : 마그네시아 내화물

4. 주물의 결함방지 및 뒤처리

(1) 주물의 뒤처리

쇳물 아궁이(탕구계)는 해머나 쇠톱, 그라인더로 절단하여 제거하며 주물에 붙어 있는 모래는 와이어 브러시나 전마기(tumble)로 제거하거나 모래 분사기(sand blasting), 숏 블라스트(shot blast)로 제거한다.

(2) 주물의 결함 및 방지법

① **수축구멍(shrinkage hole 또는 piping)**
 [방지법] ㉠ 쇳물 아궁이를 크게 한다.
   ㉡ 덧쇳물을 붓는다.
   ㉢ 냉각쇠를 사용한다.
② **기공(氣孔 : blow hole)** : 주형내의 가스가 외부로 배출되지 못해 기공이 생긴다.
 [방지법] ㉠ 쇳물의 주입 온도를 필요 이상 높게 하지 말 것.
   ㉡ 쇳물 아궁이를 크게 할 것.
   ㉢ 통기성을 좋게 할 것.
   ㉣ 주형의 수분을 제거할 것.
③ **편석(偏析 : segregation)** : 용융금속에 불순물이 있을 때에 발생하는 것으로 다음과 같다.

㉠ 주물의 한 곳에 특정성분만 집중되어 각 부분의 성분이 불균일하게 분포되는 현상
㉡ 합금에서 금속성분의 비중차이에 의하여 가벼운 부분과 무거운 부분으로 갈라져 경계가 발생되는 현상
㉢ 처음 생긴 결정과 후에 생긴 결정에 경계가 발생되는 현상
㉣ 맨 나중에 응고되는 부분의 어느 성분이 다른 부분보다 더 많거나 더 적어지는 현상
④ **균열(crack)** : 용융금속이 응고할 때 수축이 불균일한 경우에 응력이 발생하여 이것으로 주물에 금이 생기게 되는 현상
[방지법] ㉠ 각 부분의 온도 차이를 적게 할 것.
㉡ 주물을 급랭시키지 않을 것.
㉢ 주물의 두께 차이를 갑자기 변화시키지 않을 것.
㉣ 각이 진 부분은 둥글게(rounding) 할 것.
⑤ **치수 불량** : 주물의 치수 불량(목형의 변형, 코어의 이동, 주물상자의 조립 불량, 중추의 부족)
⑥ **주물 표면불량** : 주물사의 선택, 첨가제의 선정, 주형제작 등에 유의한다.

(3) 주물의 시험검사

① **육안검사** : 모양, 표면 및 파면 등을 검사
② **기계적 검사** : 주물의 강도, 경도 및 절단검사
③ **화학분석** : 주물의 쇳가루를 분쇄하여 함유 원소량을 분석검사
④ **금속 현미경 시험** : 주조된 조직 및 주조 후의 처리과정이 잘되었나를 확인
⑤ **비파괴검사** : 기공, 수축, 구멍, 균열 등을 검사하는 방법으로 자력결함검사, 형광검사, 초음파검사, 방사선검사 등

5. 특수 주조법

(1) 다이캐스팅(die casting)

용해된 금속을 금형에 고압으로 주입하는 방법으로 소형이며 복잡한 주물, 대량생산 주물의 표면이 깨끗하고 정밀도가 높다. 주로 Al, Zn, Cu 등의 합금을 주조한다. 용도로 자동차부품, 통신기기용품, 전기기계용부품, 정밀기계부품 등의 생산에 널리 응용된다.

(2) 원심 주조법(centrifugal casting)

원심력에 의해 중공 주물을 만들며, 주로 파이프, 피스톤 링, 실린더 라이너 등의 대량생산에 이용된다. 특징은 조직이 치밀하고 균일하다.

(3) 셸 몰드법(shell moulding) 또는 croning 주조법

규소 모래와 열경화성의 합성수지를 배합한 분말(resin sand)을 가열된 금형에 뿌려서 주형을 만들고, 주형을 신속히 다량 생산할 수 있다.(금형고가)

(4) 인베스트먼트법(investment casting)

모형을 왁스(wax)나 파라핀과 같은 재료로 만들고, 주물의 치수가 매우 정확하며, 표면이 깨끗하고, 복잡한 형상을 만들기 쉽다.

(5) 이산화탄소법(CO_2 process)

복잡한 형상의 코어 제작에 적합하다.

(6) 진공 주조법(vacuum casting process)

고급재질이 요구되는 강의 주조에 적합하다.(베어링강, 공구강, 스테인리스강)

(7) 칠드 주조법(chilled casting) 또는 냉강주조법

사형(沙型)과 열전도율이 큰 금형(金型)으로 주형을 완성하여 주조하는 것으로 특별한 기계적 성질을 가진 주철주물을 얻고자 할 때 주로 사용한다.

금형에 의하여 급랭되는 표면부분은 탄소가 흑연으로 석출하지 못하고 탄화철이 되면서 백선조직의 백주철이 된다. 표면은 경하고 내부는 회주철의 연질조직이 된다.

6. 도장(painting)

주형을 제작할 때 주물사 중의 수분흡수에 의한 목형의 변형을 방지하고 주물사와의 분리가 잘 되도록 하기 위하여 도장을 한다. 도료는 래커, 니스, 알루미늄 분말 등을 사용한다.

> **참고** **도료의 조건**
> ① 피막이 얇을 것   ② 정밀도에 손상을 주지 말 것
> ③ 표면이 매끈할 것   ④ 주물사의 분리가 잘될 것

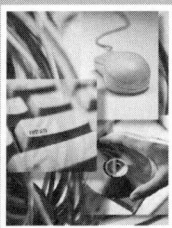

제02장

소성가공

- 2-1 소성가공의 개요
- 2-2 단조(forging)
- 2-3 압연(rolling)
- 2-4 압출(extrusion)
- 2-5 인발(drawing)
- 2-6 전조(form rolling)
- 2-7 제관(pipe making)
- 2-8 프레스 가공

소성가공

재료에 외력을 크게 가하면 내부의 응력에 의한 변형이 남는 것을 소성변형이라 하며 이를 이용하여 제품을 만드는 것을 소성가공이라 한다.

2-1 소성가공의 개요

1. 소성가공의 장점

① 보통 주물에 비하여 성형되는 치수가 정확하다.
② 금속의 결정조직을 개량하여 강한 성질을 얻게 된다.
③ 다량 생산으로 균일한 제품을 얻을 수 있다.
④ 재료의 사용량을 경제적으로 할 수 있다.
⑤ 수리가 용이하다.

2. 가공경화와 재결정

(1) 가공경화(work hardening)

① 재료에 외력을 가하여 변형시키면 굳어지는 현상
② 탄성한도 이상으로 인장하중을 가하여 소성변형을 반복하여 일으키면 탄성한도는 처음보다 높아지고 저항이 증가하는 현상

(2) 재결정

풀림으로 가공 전의 상태로 되돌아가는 것은 재료 내부에 새로운 결정이 발생하고, 성장하여 전체가 새 결정으로 바뀌기 때문이며, 이 현상을 재결정(recrystallization)이라 한다. 재결정이 일어나는 온도를 재결정 온도라 한다.

① 재결정 온도 : 철(450℃), 은(200℃), 구리(200℃), 알루미늄(150℃), 마그네슘(150℃), 텅스텐(1200℃) 등
- 가공도가 크면 재결정 온도는 낮아진다.

3. 냉간가공과 열간가공

(1) 냉간가공(cold working)

재결정 온도 이하에서 가공

[특징] ① 제품의 치수를 정확히 할 수 있다.
② 가공면이 아름답다.
③ 어느 정도 기계적 성질을 개선시킬 수 있다.
④ 가공경화로 강도가 증가하고 연신율이 감소한다.
⑤ 가공방향으로 섬유조직이 되어 방향에 따라 강도가 달라진다.

(2) 열간가공(hot working)

재결정 온도 이상에서 가공

[특징] ① 작은 동력으로 커다란 변형을 줄 수 있다.
② 재질의 균일화가 이루어진다.
③ 가공도가 크므로 거친 가공에 적합하다.
④ 가열 때문에 산화되기 쉬워 정밀가공은 곤란하다.
⑤ 강괴 중의 기공이 압착된다.

4. 소성가공의 종류

① **단조(forging)** : 재료를 단조기계나 해머로 두들겨 성형하는 가공으로 자유단조와 형단조가 있다.
② **압연(rolling)** : 회전하는 롤러 사이에 재료를 넣어 소정의 제품을 가공
③ **압출(extruding)** : 재료를 실린더 모양의 컨테이너에 넣고 한쪽에 압력을 가하여 압축시켜 가공
④ **인발(drawing)** : 봉이나 관(파이프)을 다이(die)에 넣고 축방향으로 통과시켜 일감을 잡아당겨 바깥지름을 줄이고 길이방향으로 늘리는 가공
⑤ **전조가공(roll forming)** : 수나사 또는 기어가공에 주로 쓰이는 방법으로 압연과 비슷하다.
⑥ **판금가공(sheet metal working)** : 판재를 사용하며 각종 용기, 장식품 등을 만들 때, 디프 드로우잉(deep drawing), 프레스가공(pressing), 전단가공(shearing), 굽힘가공법 등을 이용하여 제품을 만드는 것이다.

2-2 단조(forging)

1. 단조의 종류

(1) 단조방법에 따른 분류

① **자유단조(free forging)** : 다이(die)를 사용하지 않음, 단조 후 절삭가공을 하여 완성품을 얻는다.
  - ㉠ 늘이기(drawing) ㉡ 절단(cutting off) ㉢ 눌러 붙이기(up-setting)
  - ㉣ 굽히기(bending) ㉤ 단짓기(setting down) ㉥ 구멍뚫기(punching)

② **형단조(die forging)** : 금형을 사용, 정밀도 높고 대량생산, 가격저렴하다.

(2) 온도에 따른 분류

① **열간단조(hot forging)**
  - ㉠ 해머단조(hammer forging) ─ 자유단조
                                └ 형단조
  - ㉡ 프레스단조 : 수압프레스나 유압프레스 사용
  - ㉢ 업셋단조(upset forging)
  - ㉣ 압연단조(rolling forging)

② **냉간단조(cold forging)**
  - ㉠ cold heading : 볼트, 리벳의 머리 등
  - ㉡ coining : 매끈하고 정밀 치수 제작
  - ㉢ swaging : 봉재, 관재의 지름 축소 또는 테이퍼 제작

2. 단조용 재료

재료의 항복점이 낮고, 연신율이 큰 재료, 금속재료 중 탄소강, 특수강, 동합금, 경합금 등이 사용되며 주철은 단조가 불가능하다.

3. 단조용 기계

① **스프링 해머(spring hammer)** : 탄력을 이용하여 연속적으로 타격을 가하므로 작은 공작물의 단조에 많이 이용된다. 동력은 1/4톤 이하가 보통이다.
② **공기 해머(pneumatic hammer, air hammer)** : 압축공기의 압력을 이용한 해머로 증기 해머보다 경비가 싸고, 조작이 간단하기 때문에 중간 정도 이하의 공작물 단조에 널리 사용된다.(3/4~1ton에 일반적)

③ 증기 해머(steam hammer) : 압축공기 대신에 증기의 압력을 사용하는 것으로 강괴의 단련에 적합(3~5ton이 일반적)

④ 드롭 해머(drop hammer) : 크기는 0.1~1.5ton 정도

$$F = WS$$

여기서, F : 타격에너지
W : 낙체중량
S : 낙하거리

⑤ 수압 프레스(hydraulic hammer) : 큰 물품의 단조에 사용
⑥ 동력 프레스(power press) : 비교적 소형의 박판물 제조용 프레스

4. 단련계수

단조품의 가공 후 단면적과 소재의 가공 전 단면적과의 비를 단련계수라 하며, 단련효과를 얻을려면 1/3 정도의 단련계수까지 작업을 한다.

5. 단조 프레스 용량

$$P = \frac{A \cdot K_f}{\eta} [\text{ton}]$$

여기서, A : 유효단조면적(mm^2)
K_f : 변형저항(kgf/mm^2)
η : 기계효율(0.7~0.8)

6. 단조 해머의 효율 : η

$$\eta = \frac{m_2}{m_1 + m_2}$$

여기서, m_1 : 해머의 질량
m_2 : 단조물 및 앤빌 등의 타격을 받는 부분의 전체질량

7. 강의 단조온도

① 강의 최고 단조온도 : 1200℃
② 강의 단조 완료온도 : 800℃

8. 해머의 타격에너지 : E

$$E = \frac{Wv^2}{2g} \eta [\text{kgf} \cdot \text{m}]$$

여기서, g : 중력가속도(9.8m/s^2)
W : 단조 해머의 중량(kg)
v : 타격 순간의 해머속도(m/s)

2-3 압연(rolling)

1. 압하율과 폭증가 및 접촉각

(1) 압하율

롤 통과 전의 두께를 H_0, 통과 후를 H_1이라 하면

$$압하량 = H_0 - H_1$$

$$압하율 = \frac{H_0 - H_1}{H_0} \times 100\%$$

1회의 압하율은 열간 압연이 30~40%, 냉간 압연이 29%이다.

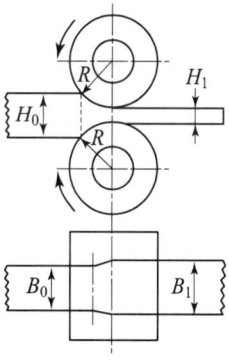

[압연가공]

(2) 폭 증가

롤 통과 전의 폭을 B_0, 통과 후의 폭을 B_1이라 하면

$$폭증가 = B_0 - B_1 ≒ 0.35(H_0 - H_1)$$

(3) 접촉각

압연시 롤이 판재를 누르는 힘을 P, 마찰 계수 μ, 롤과 판재의 접촉각을 θ라 하면

$$\mu P\cos\theta \geq P\sin\theta$$
$$\therefore \mu \geq \tan\theta \text{(자연압연조건)}$$

θ가 작거나 마찰계수 $\mu(0.1~0.3)$가 커지면 스스로 압연이 가능하다.

(4) 압연롤러의 구성요소

neck(네크), webbler(웨블러), body(몸체)

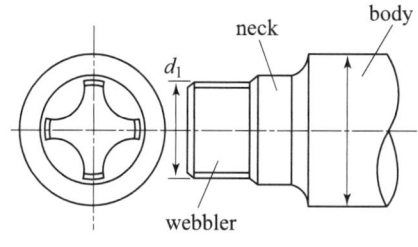

[롤러의 각부 명칭]

2-4 압출(extrusion)

(1) 직접 압출(전방 압출)
램의 진행 방향으로 소재가 압출된다.

(2) 간접 압출(후방 압출, 역식 압출)
램의 방향과 반대 방향으로 소재가 압출된다.

(3) 충격 압출
충격 압출에 사용되는 재료에는 Zn, Pb, Al, Cu 등 순금속 및 일부 합금 등이 사용된다.

이 방법의 제품은 치약 튜브, 크림 튜브, 화장품, 약품 등의 용기, 건전지 케이스 등 연한 금속의 짧고 얇은 관 제작에 사용된다.

압출 가공에 필요한 압출력을 좌우하는 중요한 조건은 다음과 같다. 즉 압출 방법, 압출비, 압출 온도, 변형 속도, 다이와 용기의 마찰 등이다.

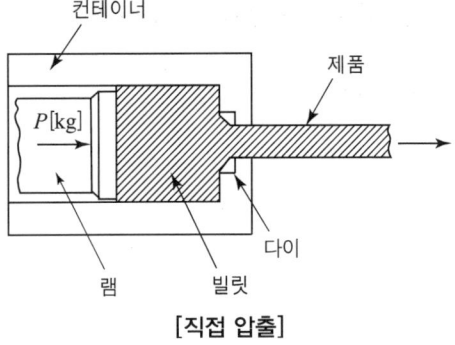

[직접 압출]

$$압출비 = \frac{압출가공\ 전의\ 단면적}{압출가공\ 후의\ 단면적}$$

2-5 인발(drawing)

인발가공이란 테이퍼(taper) 구멍을 가진 다이를 통과시켜서 인발기로써 축방향의 인장력을 작용시켜 봉이나 선재 등을 만드는 가공법

1. 인발가공의 종류

① **봉재 인발** : 소요형상의 봉재를 제작하는 것으로 다이는 원형, 각형, 기타의 형상이 있다.
② **선재 인발** : 지름 5mm 이하의 선재를 압연에 의해서 가공된 것을 다시 인발 가공한다.
③ **관재 인발** : 파이프가 다이를 통과하는 동안 파이프 내면에 소정 치수의 심봉(mandrel)을 삽입하여 파이프를 만든다.

2. 단면 감소율

① 단면 감소율 = $\dfrac{A_0 - A_1}{A_0} \times 100\%$

여기서, A_0 : 인발 전의 단면적
A_1 : 인발 후의 단면적

② 가공도 = $\dfrac{A_1}{A_0} \times 100\%$

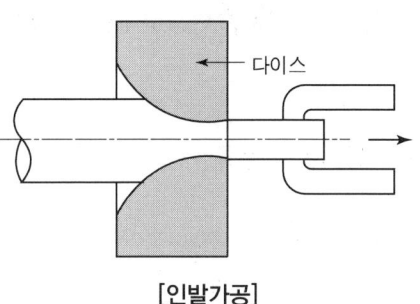

[인발가공]

3. 인발가공조건의 영향

인발력은 인발재의 재질, 단면 감소율, 다이의 각, 윤활, 인발 속도, 역장력 등에 의하여 변한다.

2-6 전조(form rolling)

전조(rolling)는 다이(die) 또는 롤러를 사용하여 소재(素材)를 회전시켜 국부적으로 압력을 가해 변형하여 제품을 만드는 가공법이다. 선반에서 널링(깔쭈기 ; knurling)하는 것도 전조가공이라 할 수 있다. 주로 나사, 기어, 볼 등을 만든다.

1. 전조의 종류

(1) 나사 전조

만들려고 하는 나사와 선형 및 피치 등이 파져있는 전조 다이(thread rolling die)를 써서 나사를 만드는 것으로 다음과 같은 가공 방법이 있다.
 ① 평형 나사 전조기에 의한 방법
 ② 둥근형 나사 전조기에 의한 방법
 ③ 차동식 나사 전조기에 의한 방법
 ④ 위성 기어장치 나사 전조기에 의한 방법

(2) 기어 전조

래크형 다이, 피니언형 다이, 호브형 전조 방식

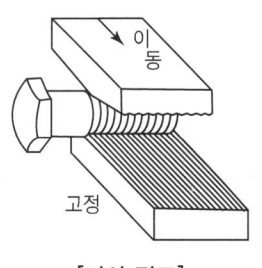

[나사 전조]

2-7 제관(pipe making)

1. 제관법의 분류

(1) 용접관(welded pipe)

① 맞대기 단접관
② 겹치기 단접관
③ 전기저항 용접관

(2) 시임리스 파이프(seamless pipe) : 이음매 없는 관

① 천공법(穿孔法 : piercing process)
    ㉠ 만네스맨 압연 천공법(mannesman process) : 이음매 없는 관의 대표적
    ㉡ 압출법(押出法)
    ㉢ 에르하르트 천공법(ehrhardt process)
    ㉣ stifel법
② 커핑 방법(cupping process)

2. 제관법의 공정

(1) 천공제관법의 공정

① 파이프의 치수 40~110mm 정도의 것
    천공 압연기 ➡ 플러그 압연기 ➡ 마관기 ➡ 재가열로 ➡ 정경 압연기
② 파이프의 치수 90~400mm 정도의 것
    제1천공기 ➡ 제2천공기 ➡ 재가열로 ➡ 플러그 압연기 ➡ 마관기 ➡ 정경 압연기

(2) 시임 파이프 용접법의 공정

슬리팅(slitting) ➡ 성형(forming) ➡ 용접 ➡ 정경(sizing) ➡ 절단 ➡ 완성가공

(3) 제관용 재료

후강판 : 두께 3mm 이상의 강판을 총칭하여 후판이라 하고, 두께 3~6mm의 것을 중판

2-8 프레스 가공

1. 프레스 가공의 분류

(1) 전단가공(shearing operation)

블랭킹(blanking), 펀칭(punching), 전단(shearing), 트리밍(trimming), 셰이빙(shaving), 브로우칭(broaching), 노칭(notching), 분단(parting)

(2) 성형가공(forming operation)

굽힘(bending), 비딩(beading), 인장(stretching), 디프 드로잉(deep drawing), 벌징(bulging), 스피닝(spinning), 시밍(seaming), 네킹(necking), 교정(flattening), 컬링(curling)

(3) 압축가공(squeezing operation)

압인(coining), 엠보싱(embossing), 스웨이징(swaging), 버니싱(burnishing), 충격압출(impact extrusion)

2. 전단가공

(1) 전단작업의 종류

① **블랭킹(blanking)** : 판재에서 펀치로서 소요의 형상을 뽑는 작업이다.
② **펀칭(punching)** : 판재에서 구멍을 만드는 작업으로 뽑힌 부분이 스크랩(scrap)이 되고 남는 부분이 제품이 된다.
③ **전단(shearing)** : 판재를 잘라서 어떤 형상을 만드는 작업이다.
④ **트리밍(triming)** : 판재를 드로잉 가공으로 만든 다음 둥글게 자르는 작업이다.
⑤ **셰이빙(shaving)** : 뽑기나 구멍뚫기를 한 제품의 가장자리에 붙어 있는 파단면 등이 편평하지 못하므로 제품의 끝을 약간 깎아 다듬질하는 작업이다.

(2) 전단 가공식

① **전단가공에 요하는 힘**

전단에 요하는 힘(P), 소요동력(H), 전단에 요하는 일량(W)일 때

$$P = lt\tau \text{[kg]} \qquad P = \pi dt\tau \text{ (원판 블랭킹의 경우)}$$

여기서, l : 전 전단길이(mm)
t : 판두께(mm)
τ : 전단저항(kgf/mm^2)

② 전단에 소요되는 동력

$$H = \frac{Pv_m}{75 \times 60 \times \eta}[\text{PS}]$$

여기서, v_m : 평균 전단속도(m/min)
η : 기계효율(0.5~0.7로 한다.)
H : 소요동력(PS)

③ 전단에 요하는 일량

$$W = \frac{mPt}{1000}[\text{kg} \cdot \text{m}]$$

여기서, m : 재료에 따라 정해지는 계수($m = 0.63$)
W : 일량(kg · m)

④ 전단각

윗날과 아랫날의 경사각을 전단각(shear angle)이라 하며, 이 전단각은 전단하중을 작게 하기 위해 두며, 보통 5~10° 정도이고 12°를 넘지 않게 한다. 다이와 펀치로 전단할 때는 전단각을 4° 이내로 한다.

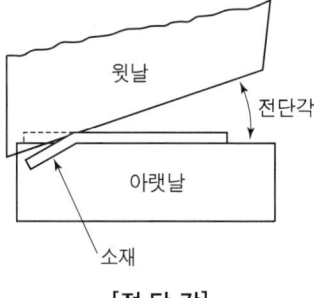

[전 단 각]

3. 굽힘가공

(1) 굽힘에 요하는 재료의 길이

$$L = l_1 + l_2 + 2\pi \times \frac{\theta}{360}(R + kt)$$

kt는 중립면까지의 판의 치수를 가리키며, 중립면이 중앙에 있으면 $k = 0.5$이다.

연강의 경우 $R < 2t$ 이면 $k = 0.35$
$R > 2t$ 이면 $k = 0.5$

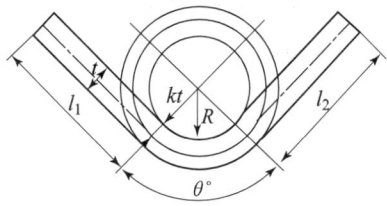

[굽힘에 요하는 재료의 길이]

(2) 스프링 백(spring back)

굽힘가공을 할 때 굽힘 힘을 제거하면 판의 탄성 때문에 탄성변형 부분이 원상태로 돌아가 굽힘각도나 반지름이 열려 커진다. 이것을 스프링 백(spring back)이라 한다.

> **참고** **스프링 백의 양**
> ① 경도가 높을수록 커진다.
> ② 같은 판재에서 구부림 반지름이 같을 때에는 두께가 얇을수록 커진다.
> ③ 같은 두께의 판재에서는 구부림 반지름이 클수록 크다.
> ④ 같은 두께의 판재에서는 구부림 각도가 작을수록 크다.

(3) 굽힘에 요하는 힘 : P

$$P_1 = C\frac{bt^2}{L}\sigma_b[\text{kg}]$$

여기서, P : 펀치에 가하는 굽힘력(kg)
b : 판의 폭(mm)
t : 판두께(mm)
L : 다이의 홈폭(mm)($L=8t$)
σ_b : 판의 인장강도(kgf/mm^2)
C : 비례상수 ┌ V형 다이 : $C=1.33$
      └ U형 다이 : $C=0.67$

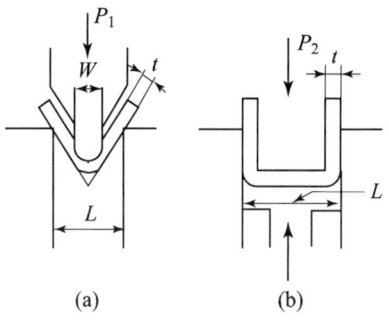

[굽힘에 요하는 힘]

4. 디프 드로잉가공(deep drawing)

편평한 판금재를 펀치로 다이 구멍에 밀어넣어 밑이 있는 용기를 만드는 가공으로 그 형상은 원통, 원뿔, 반직사각형, 상자형 등을 만든다.

(1) 드로잉률

깊은 용기는 한 번에 작업을 완료하지 않고 몇 번으로 나누어 완성하며, 가공도를 나타낼 때 드로잉률(drawing rate)을 사용한다. 소재의 지름을 d_0, 각 공정의 제품지름을 d_1, d_2, d_3 ⋯ 각 공정의 드로잉률을 m_1, m_2, m_3 ⋯ 라 하면

$$m_1 = \frac{d_1}{d_0}, \quad m_2 = \frac{d_2}{d_1}, \quad m_3 = \frac{d_3}{d_2}$$

보통 m_1은 0.55~0.60, m_2부터는 0.75~0.80으로 한다. 드로잉률의 역수를 드로잉비(drawing ratio)라 한다.

(2) 제품의 블랭크 지름 : D

$$D = \sqrt{d^2 + 4dh}$$

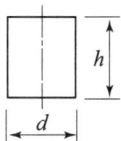

5. 특수 드로잉가공

① **벌징가공(bulging)** : 용기의 입구보다 중앙 부분이 넓은 용기를 만드는 가공
② **마포옴법(marforming)** : 다이로 금속을 사용하지 않고 고무를 사용하여 가공(소량, 소품제작에 사용)
③ **하이드로포옴법(hydroforming)** : 마포옴법의 고무 대신에 고무막으로 격리시킨 내부에 액체를 넣어 다이로 사용하는 가공법
④ **컬링(curling)** : 끝말기 가공법

6. 특수 성형가공

① **스피닝(spining)** : 회전하는 축에 원형을 고정하고 그 뒤에 소재를 끼워넣고 소재에 외력을 가하여 원형과 같은 모양의 제품을 성형하는 가공법. (선반을 이용하여 가공)

7. 압축가공

① **코이닝(coining)** : 주화, 메달, 장식품 등의 표면에 여러 가지 모양, 문자 등을 찍어내는 가공법
② **엠보싱(embossing)** : 압인 가공의 특수한 예로, 얇은 재료를 요철이 서로 반대가 되도록 한 쌍의 다이 사이에서 성형하는 가공법
③ **스웨이징(swaging)** : 재료의 두께를 감소시키는 작업

8. 프 레 스

① 인력 프레스
  ㉠ 나사 프레스(screw press)
  ㉡ 편심 프레스(eccentric press)
  ㉢ 아버 프레스(arbor press)
  ㉣ 발 프레스(foot press)
② 동력 프레스
  ㉠ 크랭크 프레스(crank press)
  ㉡ 너클 프레스(knuckle press) 또는 토글 프레스(toggle press)
  ㉢ 마찰 프레스(friction press)
  ㉣ 액압 프레스(hydraulic press)

[크랭크 프레스]

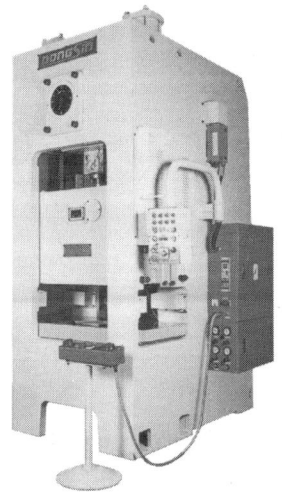

[유압 프레스]

기·계·제·작·법

제03장

용접(welding)

3-1 용접의 개요
3-2 가스 용접
3-3 아크 용접
3-4 압 접
3-5 납땜(soldering)

제03장 용접(welding)

용접은 용접할 모재를 국부적으로 가열하여 용융상태 또는 반용융상태로 만든 다음, 용융 첨가제를 보충하여 접합하는 방법이다(보통 10^{-8}cm 정도 접근시켰을 때 원자가 결합한다).

3-1 용접의 개요

1. 용접의 특징

[장점]
① 기밀을 요할 수 있다.
② 작업속도가 빠르다.
③ 재료를 10~15% 절약할 수 있다.
④ 이음효율이 향상된다.
⑤ 제품의 성능과 수명을 향상할 수 있다.

[단점]
① 용접부의 결합검사가 곤란하다.
② 응력집중 현상이 발생한다.
③ 용접성은 용접 모재의 재질에 좌우된다.

2. 용접법의 종류

① **융접**(fusion welding) : 접합하고자 하는 물체의 접합부를 가열용융시키고 여기에 용가재(熔加材)를 첨가하여 접합하는 방법
② **압접**(pressure welding) : 접합부를 냉간상태 그대로 또는 적당한 온도를 가열한 후 여기에 기계적 압력을 가하여 접합하는 방법
③ **납땜**(brazing or soldering) : 모재를 용융시키지 않고 별도로 용융금속을 접합부에 넣어 용융접합시키는 방법으로 저용융점의 합금을 녹여서 접합시키는 방법

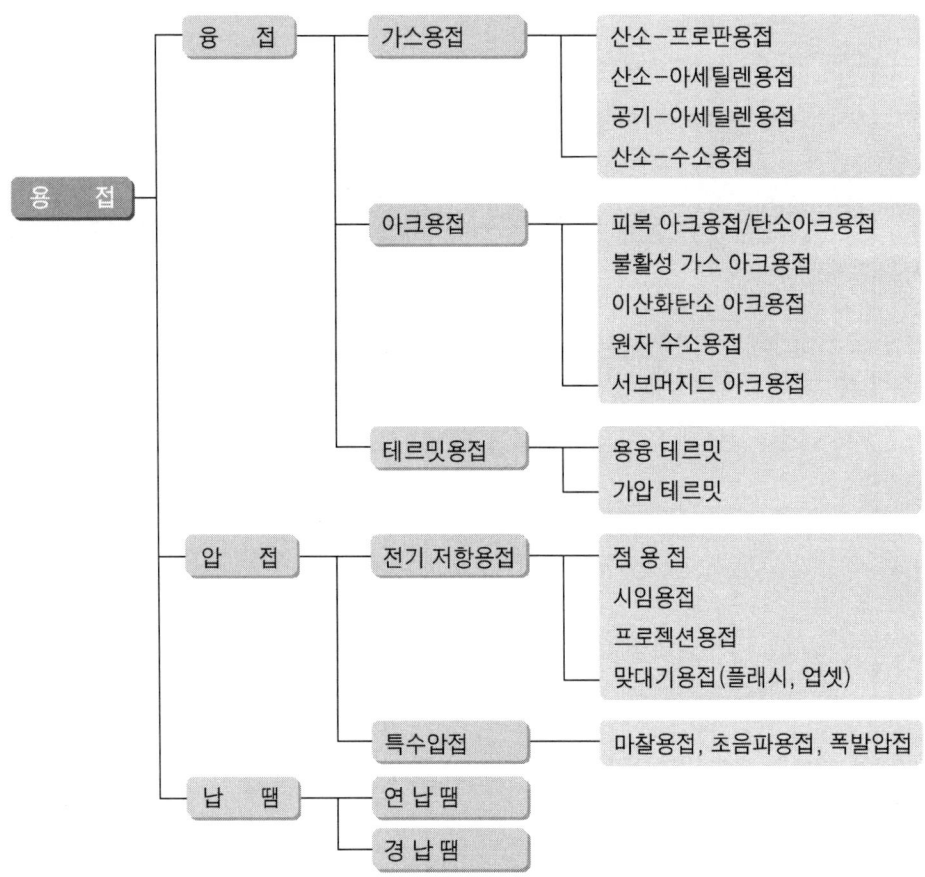

3. 각종 용접법의 정의

① **가스용접(gas welding)** : 가연성가스와 산소를 혼합 연소시켜 고온의 불꽃을 용접부에 대어 용접부를 녹여 접합하는 방법
   ㉠ 아세틸렌 : 3430℃(1 : 1.7) ㉡ 수소 : 2800℃(1 : 0.5)
   ㉢ 프로판 : 2820℃(1 : 0.5) ㉣ 메탄 : 2700℃(1 : 4.5)
   ㉤ 일산화탄소 : 2820℃(1 : 2.1)

② **피복 아크용접(shielded metal arc welding)** : 모재와 전극 사이에서 아크를 발생시켜 이 열로 용접봉과 모재를 녹여 접합하는 방법

③ **서브머지드 아크용접(submerged arc welding) or 잠호용접** : 송급된 분말용제 속에 용접 심선을 공급해 심선과 모재 사이에서 아크를 발생시켜 용접하는 방법(대형주물, 교량, 원자로의 각종 용기, 중장비류, 대형주단조품, 조선, 저장탱크의 용접에 적합)이다. 상품명에는 잠호용접, 유니언 멜트용접, 링컨용접 등이 있다.

④ **불활성가스 아크용접(inert gas arc welding)** : 전극 주위에 불활성가스(Ar, Ne, He)를 방출시켜 그 속에서 모재와 전극 사이에 아크를 발생시켜 용접열을 공급해 용접을 한다.(TIG, MIG)

⑤ **이산화탄소 아크용접**(CO₂ gas arc welding) : 불활성가스 대신에 탄산가스를 노즐에서 분출시켜 아크열로 용접을 하는 방법
⑥ **테르밋 용접**(thermit welding) : 알루미늄 분말과 산화철(Fe_3O_4) 분말과 혼합 반응으로 열을 발생시켜 이 열로 두 가지를 녹여 용접부를 가열하여 용접하거나 압접을 하는 방법(운반이동이 곤란한 대형구조물의 수리제작에 사용)
⑦ **일렉트로 슬래그 용접** : 와이어와 용융슬래그 사이에 통전된 전류의 저항열을 이용한 용접 전극 와이어 지름은 보통 2.5~3.2mm 정도이고, 피용접물의 두께에 따라 1~3개를 사용하며 자동공급된다.
⑧ **전기 저항용접**(electric resistance welding) : 접합할 재료에 전기를 통해 저항열로 용융 가압시켜 접합하는 방법
⑨ **가스 압접**(pressure gas welding) : 접합부를 가스 불꽃으로 가열시킨 후 압력을 가해 접합하는 방법

4. 용접 자세

① **아래보기 자세**(F : flat position) : 모재를 수평으로 놓고 용접봉은 아래로 향하여 용접하는 자세
② **수평 자세**(H : horizontal position) : 모재가 수평면에 대하여 90° 또는 45° 이상의 경사를 가지며, 용접선이 수평이 되게 하는 용접 자세
③ **수직 자세**(V : vertical position) : 수직면 또는 45° 이하의 경사면을 가지는 면에 용접하며, 용접선은 수직 또는 수직면에 대하여 45° 이하의 경사를 가지며 위쪽에 용접하는 자세
④ **위보기 자세**(OH : overhead position) : 용접봉을 모재의 아래쪽에 대고 모재의 아래쪽에서 용접하는 자세
⑤ **전 자세**(AP : all position) : 위 자세의 두 가지 이상을 조합하여 용접하거나 4가지 전부를 응용하는 자세

3-2 가스 용접

1. 아세틸렌 발생기

① **주수식 발생기** : 카바이드에 물을 작용시켜 아세틸렌을 발생시키는 발생기
② **투입식 발생기** : 다량의 물속에 카바이드를 소량 투하하여 아세틸렌을 발생시키는 발생기

③ **침지식 발생기** : 가장 간단한 방법으로 카바이드 통에 들어있는 카바이드가 수실의 물에 잠겨 아세틸렌을 발생시키는 장치
㉠ 산소 : 산소는 무색, 무취, 무미로 비중은 1.105인 조연성 가스
㉡ 아세틸렌 : 탄소와 수소의 화합물로서(C_2H_2), 탄화수소이므로 매우 불안정한 가스

2. 산소용기

산소용기는 안전 캡, 밸브, 안전 플러그 및 본체로 되어 있고, **산소를 35℃에서 150기압으로 충전**한다.

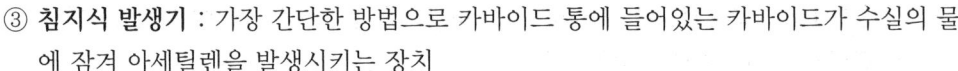

여기서, L : 봄베 내의 산소 용량[l]
V : 봄베 내의 용적[l]
P : 압력계에 지시되는 봄베 내의 압력(kg/cm^2)

> **참고** 산소용기 취급상의 주의사상
> ① 충격을 주지 말 것   ② 항상 40℃ 이하로 유지할 것
> ③ 직사광선을 피할 것   ④ 밸브, 조정기 등에 기름이 묻어 있지 않을 것
> ⑤ 밸브의 개폐는 천천히 할 것

3. 불꽃의 종류

토치에 점화하면 아세틸렌과 산소가 화합되어 수소와 일산화탄소가 되며($C_2H_2+O_2=H_2+2CO$), 수소는 다시 산소와 화합되어 수증기로($2H_2+O_2=2H_2O$), 일산화탄소도 산소와 화합되어 탄산가스($2CO+O_2=2CO_2$)가 된다.

불꽃은 백색으로 눈으로 보면 불꽃의 최고 온도 부분은 3000~3500℃까지 달한다.
① **표준 불꽃(중성 불꽃)** : $C_2H_2+O_2=2CO+H_2$
산소와 아세틸렌의 혼합 비율 1 : 1(일반 용접으로 주로 연강, 주철용접에 쓰임)
② **탄화 불꽃(아세틸렌 과잉 불꽃)** : 산소가 적고 아세틸렌이 많은 때의 불꽃으로 불완전 연소로 인하여 온도가 낮다.(스테인리스 강판 및 스텔라이트, 모넬메탈 등의 용접)
③ **산화 불꽃(산소 과잉 불꽃)** : 중성 불꽃에서 산소의 양을 많이 할 때 생기는 불꽃으로 산화성이 강하다.(황동 용접)

4. 청정기와 안전기

① **청정기** : 아세틸렌 발생기에서 발생한 아세틸렌가스 중에 불순물을 제거할 때 사용한다. 여기서, 불순물은 인화수소(PH_3), 황화수소(H_2S), 암모니아(NH_3) 등이다.
② **안전기** : 발생기로 산소가 역류되거나 또는 역화되는 것을 막기 위해 사용된다. 안전기에는 수봉식(저압)과 스프링식(중압)이 있다.

5. 용접방법

① **전진법** : 우에서 좌로 토치를 이동하는 방법으로 5mm 이하의 얇은판이나 변두리용접에 사용되며 토치 이동각도는 전진반대로 45~50°, 용가재 첨가는 30~40°로 이동한다.

② **후진법** : 좌에서 우로 토치를 이동하는 방법으로 가열시간이 짧아 과열되지 않으며 용접 변형이 적고 속도가 크다. 두꺼운 판 및 다층용접에 사용된다.

[모재의 재질에 따른 용제]

금 속	용 제
연 강	사용하지 않는다.
반 경 강	중탄산 소다 + 탄산 소다
주 철	붕사, 중탄산 소다 + 탄산 소다
동 합 금	붕사
알루미늄	염화 리듐(15%), 염화 칼리(45%), 염화 나트륨(30%), 불화 칼리(7%), 염산 칼리(3%)

6. 팁의 능력

① **프랑스식** : 1시간동안 표준불꽃으로 용접하는 경우 아세틸렌의 소비량[l]로 표시
 [예] 100번, 200번, 300번 ⇒ 100[l], 200[l], 300[l] 인 것을 의미

② **독일식** : 연강판의 용접을 기준하여 용접할 판 두께로 표시
 [예] 1번, 2번, 3번 ⇒ 연강판의 두께 1mm, 2mm, 3mm에 사용되는 팁을 의미

3-3 아크 용접

1. 아크 용접기의 종류

(1) 직류 용접기

직류 전원을 발생시키는 방식에 따라
① 정류기형 직류 용접기
② 전지식 직류 용접기
③ 발전기식 직류 용접기
  ㉠ 정전압형   ㉡ 정전류형   ㉢ 정전력형

(2) 교류 아크 용접기

일종의 변압기로서 2차 전류를 통과시킬 때 무부하로 전압이 70~80%로 떨어지는 특성을 가진 용접기이다. 리액턴스를 크게 하고 개로 전압을 높게 함으로써 용접기의 효율이 25~40% 정도로 되며 안전성은 떨어지나 가격이 싸다.

① 가동 철심형   ② 가동 코일형   ③ 가포화 리액터형   ④ 탭 전환형

(3) 고주파 아크 용접기

고주파 아크를 50000~200000Hz의 고주파 전류로 전환시키므로 아크와 전류를 안전성이 높으며 5~10A 범위의 작은 전류에도 쉽게 작업이 가능하다.

2. 아크 용접봉

(1) 심 선

심선은 불순물이 작은 것을 필요로 하며 심선의 지름은 1.0, 1.4, 2.0, 2.6, 3.2, 4.0, 5.0, 6.0, 7.0, 8.0mm 등이다. 이중에서 3.2~6.0mm가 가장 많이 사용된다.

(2) 피복제

피복제는 심선 주위에 입힌 물질(SiO_2, TiO_2, Al_2O_3, CuO, Mn, Fe, Na_2O 등)로 피복제의 역할은 다음과 같다.

① 대기 중의 산소(산화 현상)나 질소(질화 현상)의 침입을 방지하고 용융금속을 보호한다.
② 용착금속의 기계적 성질을 개선한다.
③ 용착금속의 탈탄 및 정련작용을 한다.
④ 아크를 안정시키고, 용착효율을 높인다.
⑤ 용착금속에 적당한 합금원소를 첨가한다.
⑥ 슬랙을 제거하고 비드를 깨끗이 한다.
⑦ 용융금속의 응고와 냉각속도를 지연시켜 준다.

(3) 피복 아크 용접봉의 종류

① E4301(일미나이트계) : 일반기기 및 구조물
② E4303(라임티탄계) : 일반강재의 박판용접에 적합
③ E4311(고셀룰로우스계) : CO_2가 가장 많이 발생
④ E4313(고산화티탄계=루틸계) : 박판용접에 접합, 용접 중 고온균열 발생
⑤ E4316(저수소계=라임계) : 구속도가 큰 구조물의 용접(고탄소강, 쾌삭강)
⑥ E4324(철분 산화 티탄계) : 우수한 작업성과 고능률성, 스패터 적고 용입이 얕다.
⑦ E4326(철분 저수소계)

⑧ E4327(철분 산화철계) : 용착 효율이 크고 능률적이다.
⑨ E4340(특수계)

(4) 연강용 피복 용접봉의 표시방법

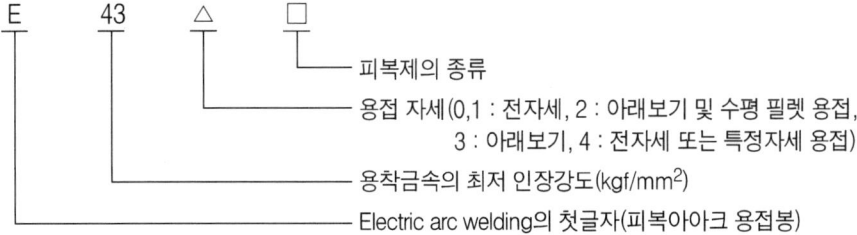

E 43 △ □
- 피복제의 종류
- 용접 자세(0,1 : 전자세, 2 : 아래보기 및 수평 필렛 용접, 3 : 아래보기, 4 : 전자세 또는 특정자세 용접)
- 용착금속의 최저 인장강도(kgf/mm²)
- Electric arc welding의 첫글자(피복아아크 용접봉)

3. 용접부의 결함과 방지대책

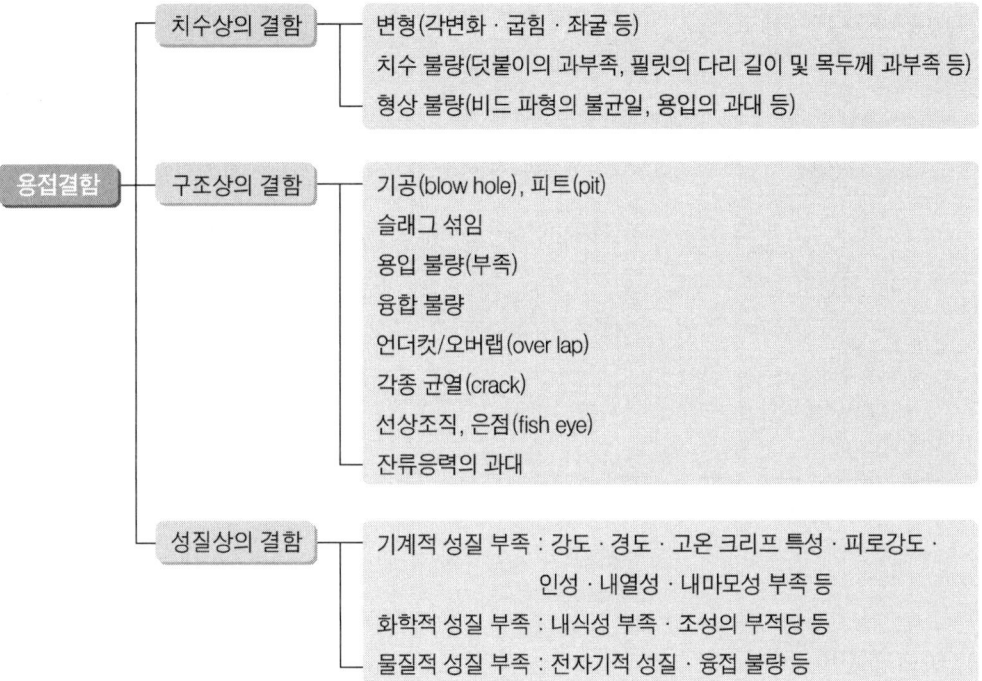

용접결함
- 치수상의 결함
  - 변형(각변화·굽힘·좌굴 등)
  - 치수 불량(덧붙이의 과부족, 필릿의 다리 길이 및 목두께 과부족 등)
  - 형상 불량(비드 파형의 불균일, 용입의 과대 등)
- 구조상의 결함
  - 기공(blow hole), 피트(pit)
  - 슬래그 섞임
  - 용입 불량(부족)
  - 융합 불량
  - 언더컷/오버랩(over lap)
  - 각종 균열(crack)
  - 선상조직, 은점(fish eye)
  - 잔류응력의 과대
- 성질상의 결함
  - 기계적 성질 부족 : 강도·경도·고온 크리프 특성·피로강도·인성·내열성·내마모성 부족 등
  - 화학적 성질 부족 : 내식성 부족·조성의 부적당 등
  - 물질적 성질 부족 : 전자기적 성질·용접 불량 등

[용접부의 결함과 방지대책]

결함의 종류	결함 발생 원인	결함 방지 대책
용입 불량	① 홈 각도가 좁다. ② 용접속도가 너무 빠르다. ③ 용접 전류가 낮을 때	① 홈 각도를 크게 하거나 루트간격을 넓힌다. ② 용접속도를 빠르지 않게 한다. ③ 슬래그의 피포성을 해치지 않을 정도로 전류를 높인다.
언더컷 (용접선 끝에 생기는 작은 홈)	① 전류가 너무 높을 때 ② 아크 길이가 너무 길 때 ③ 용접속도가 너무 빠를 때 ④ 부적당한 용접봉 사용시	① 전류를 낮춘다. ② 짧은 아크 길이로 유지 ③ 용접속도를 늦추고 운봉시 유의할 것 ④ 목적에 맞는 용접봉 선정
오버랩	① 전류가 너무 낮을 때 ② 용접속도가 너무 느릴 때 ③ 운봉방법(용접봉 취급)이 나쁠 때	① 적정 전류 선택 ② 용접속도를 높인다. ③ 운봉방법을 확실히 한다.
가공 및 피트 (기공 : 용착금속 속에 남아 있는 가스로 인한 구멍)	① 아크 분위기 속에 수소, 산소, 일산화탄소가 너무 많다. ② 용접봉 또는 용접부에 습기가 많다. ③ 용접부가 급랭할 때 ④ 이음부에 기름, 페인트, 녹 등이 부착해 있을 때 ⑤ 아크길이 및 운봉법이 부적당할 때 ⑥ 과대 전류 사용시	① 저수소계 용접봉을 사용한다. ② 잘 건조된 용접봉을 사용하며, 용접부를 예열한다. ③ 위빙 또는 후열로 냉각속도를 느리게 한다. ④ 이음부 청소를 잘한다. ⑤ 아크 길이를 적당히 하고 운봉법을 적당히 한다. ⑥ 과대 전류를 사용하지 않는다.
슬래그 섞임 (녹은 피복제가 용착금속 표면에 떠 있거나 용착금속 속에 남아있는 것.)	① 슬래그 제거 불완전 ② 전류 과소, 운봉조작 불완전 ③ 봉의 각도 부적당시 ④ 슬래그가 용융지보다 앞설 때 ⑤ 운봉속도가 너무 느릴 때	① 슬래그 및 불순물 제거를 깨끗이 한다. ② 전류를 약간 높게 하며, 용입이 충분하도록 운봉한다. ③ 봉의 유지 각도를 낮춘다. ④ 아크 힘에 의해 뒤로 밀리게 하거나 앞서는 경우 모재의 각도 조절 ⑤ 운봉속도를 높인다.

4. 아크 절단

① **탄소 아크 절단**(carbon arc cutting) : 최초의 용접법
  탄소 또는 흑연 전극(-)과 모재(+) 사이에 아크를 일으켜 절단하는 방법(직류 정극성)
② **금속 아크 절단**(metal arc cutting) : 금속 아크 절단은 탄소 전극봉 대신에 절단 전용의 특수 피복제를 씌운 전극봉을 써서 절단하는 방법(직류 전극성 : DCSP)
③ **아크 에어 가우징**(arc air gouging) : 아크 에어 가우징은 탄소 아크 절단장치에다 6~7kg/cm^2 정도 되는 압축공기를 병용하여서 아크열로 용융시킨 부분을 압축공기로 불어 날려서 홈을 파내는 작업으로 사용되는 전류는 직류이고, 이때의 직류 기기는 아

크 전압 35~45V, 아크 전류는 200~500A 정도의 것이 널리 쓰인다.
④ **산소 아크 절단(oxygen arc cutting)** : 산소 아크 절단에 사용되는 전극봉은 중공의 피복봉으로서 발생되는 아크열을 이용하여 모재를 용융시킨 후에 중공 부분으로 절단 산소를 내보내어 절단하는 방법(직류정극성)
⑤ **MIG 아크 절단(metal inert gas arc cutting)** : MIG 아크 절단은 고전류 MIG 아크가 보통 아크 용접에 비하면 상당히 깊은 용입이 되는 것을 이용하여 모재와의 사이에서 아크를 발생시켜 용융 절단을 하는 방법(직류 역극성 : DCRP)
⑥ **TIG 아크 절단(tungsten inert gas arc cutting)** : TIG 용접과 같이 텅스텐 전극과 모재와의 사이에 아크를 발생시켜 모재를 용융하는 동안 아르곤 가스 등을 공급해서 절단하는 방법
⑦ **플라스마 아크 절단(plasma arc cutting)** : 플라스마 아크 절단은 아크 플라스마의 성질을 이용한 절단법

3-4 압 접

1. 저항 용접

(1) 겹치기 이음

① **점 용접(spot welding)** : 2개의 모재를 겹쳐서 간극 사이에 끼워 놓고 전기저항에 의해서 발열이 되어 접합부가 용융될 때 압력을 가해 접합하는 방법
② **시임 용접(seam welding)** : 점 용접의 전극봉 대신에 롤러 모양의 전극을 써서 접합하는 용접으로 주요 기밀, 수밀을 필요로 하는 이음부에 사용
③ **프로젝션 용접(projection welding)** : 점 용접과 같은 것으로 모재의 한쪽 또는 양쪽에 작은 돌기(projection)를 만들어 이 부분에 대전류와 압력을 가해 압접하는 방법

> **참고** 저항 용접의 3대 요소
> 용접전류, 통전시간, 가압력

(2) 맞대기 이음

① **플래시 용접(flash welding)** : 두 재료를 천천히 가까이 접촉시키면 접촉점에 단락 대전류가 흘러 접촉저항과 대전류 밀도에 의하여 국부적으로 발열하여 잠시 과열 용융되어 불꽃이 비산하면서 용접
② **업셋 용접(upset welding)** : 접합할 두 재료를 전극 클램프로 잡고, 접합면을 맞대어

가압부에 통전하여 접합부가 가열되었을 때, 축방향으로 압력을 가하여 국부소성변형을 일으켜 접합하는 방법

③ **충돌 용접(percussion welding)** : 극히 짧은 지름의 용접물을 용접하는데 사용하며, 사용전류는 축적된 직류 전원으로서 피용접물을 양전극 사이에 끼운 후에 전류를 통하면 고속도로 피용접물이 서로 충돌되는 상태에서 용접되는 방법

2. 기타 압접

① **가스 압접(perssure gas welding)** : 재료의 접합부를 재결정온도 이상으로 가열하여 축방향으로 압축력을 가하여 압접하는 방법
   ㉠ 밀착법(closed butt welding) : 접합면을 밀착시키고 토치로 가열하여 접합하는 방식
   ㉡ 개방법(open butt welding) : 접합면을 떼어놓고 토치로 가열하여 접합면을 가압하는 방식

② **단접(forge welding)** : 용접물을 가열하여 해머 등으로 타격을 가하여 압접하는 방법으로 녹지 않을 정도의 고온에서 행하여 연강은 1300~1400℃이다. 종류로는 맞대기 단접, 겹치기 단접, 형 단접이 있다.

③ **마찰 용접(friction welding)** : 모재의 접합면을 고속회전에 의한 마찰열로서 압접하는 방법(종류로는 컨벤셔널형과 플라이휠형이 있다.)

④ **초음파 용접(ultrasonic welding)** : 모재의 초음파(18KHz 이상) 횡진동을 주어 진동에너지에 의해 접촉부의 원자가 서로 확산되어 접하는 방법(비금속 및 플라스틱 용접, 비철금속의 용접 등)

⑤ **냉간 압접(cold pressure welding)** : 상온에서 가압만의 조작으로 상호간에 확산을 일으켜 압접을 이루는 방법

⑥ **폭발 용접(explosion welding)** : 화약의 폭발에 의해 일어나는 순간적인 충격 및 압력으로 금속을 압접하는 방법(전면 폭발, 점 폭발, 선 폭발 등)

3-5 납땜(soldering)

모재는 용융되지 않고 용가제만 용융되어 금속을 접합시키는 것을 납땜이라고 한다. 용융점이 450℃ 이하인 납을 연납이라고 하고, 그 이상인 납을 경납이라고 한다. 납땜을 할 때 모재의 불순물을 제거하기 위하여 용제를 바른다.

1. 연납(soft solder)

연납은 주석(Sn)과 납(Pb)의 합금이다. 연납의 성분과 용융온도로서 Sn 63%, Pb 37%일 때 융점이 가장 낮은데, 이때의 융점은 182℃이다. 주석 도금 철판이나 아연도금 철판, 황동판의 납땜에는 Sn 30~40%인 것을 가장 많이 사용한다.

2. 경납(hard solder)

경납은 연납땜보다 큰 강도를 요구할 때 사용
① **황동납** : Cu 30~50%, Zn 50~70%의 합금으로 융점은 800~1000℃이다. 구리 합금, 강철 등의 땜에 사용
② **은납** : Cu, Zn, Ag의 합금으로 용융점은 600~900℃이며, 은 세공에 사용
③ **양은납** : Cu, Zn의 합금에서 Ni을 배합한 것으로 양은, 니켈, 합금 등의 땜에 사용

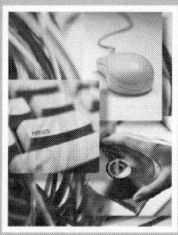

기·계·제·작·법

제04장
열 처 리

4-1 열처리의 종류
4-2 일반 열처리
4-3 항온열처리(Isothermal heat treatment)
4-4 표면경화법

04 열처리

금속재료를 사용목적에 따라 충분한 기능을 발휘시키기 위하여 금속을 적당한 온도로 가열 및 냉각시켜 특별한 성질을 부여하는 것을 열처리라고 한다.

4-1 열처리의 종류

(1) 일반 열처리

① 담금질(quenching : 소입) : 급냉으로 재질경화
② 뜨임(tempering : 소려) : 내부응력제거, 담금질한 것에 인성 부여
③ 풀림(annealing : 소둔) : 내부응력제거, 재질을 연하고 균일하게 함
④ 불림(normalizing : 소준) : 내부응력제거, 재질의 조직을 표준화(균일화)

(2) 항온 열처리

① 오스템퍼(austemper)
② 마템퍼(martemper)
③ 마퀜칭(mar quenching)
④ 타임퀜칭(time quenching)
⑤ 항온뜨임(isothermal tempering)
⑥ 항온풀림(isothermal annealing)

(3) 표면경화 열처리

① 침탄법 : 고체 침탄법, 가스 침탄법, 액체 침탄법(청화법)
② 질화법
③ 고주파경화법, 화염경화법
④ 금속용사법, 전해경화법

(4) 그밖의 표면경화법

① 하드 페이싱(hard facing)
② 숏 피닝(shot peening)
③ 금속침투법(metallic cementation)

4-2 일반 열처리

1. 담금질(quenching)

강의 강도, 경도를 증가시킬 목적으로 가열후 급냉한다.

(1) 담금질 온도

① **아공석강** : A_3 변태점보다 30~50℃ 높게 가열 후 급냉
② **과공석강** : A_1 변태점보다 30~50℃ 높게 가열 후 급냉

(2) 탄소강(C 0.9%)의 냉각속도에 따른 변화

냉 각 방 법	조 직
노중 냉각(공냉)	펄라이트
공기중 냉각(공냉)	소르바이트
유중 냉각(유냉)	트루스타이트(Ar_1 : 550~600℃)
수중 냉각(수냉)	마텐자이트(Ar'' : Ms : 300℃)

(3) 각 경도의 상호관계

오스테나이트 〈 마텐자이트 〉 트루스타이트 〉 소르바이트 〉 펄라이트

(4) 질량효과

담금질시 재료의 크기에 따라 냉각속도가 내부와 외부가 다르므로 경도차이가 생긴다. 이를 질량효과라 한다.

2. 뜨임(tempering)

담금질한 재료는 경도가 크므로 내부응력을 제거하거나 인성을 개선하기 위하여 A1 변태점 이하의 뜨임온도로 재가열한 후 냉각하는 열처리를 말한다.

(1) 저온 뜨임

담금질 조직에서 경도만이 요구되는 경우 150℃ 부근에서 가열 후 냉각한다.(A → M) 또는 마텐자이트를 약 400℃로 뜨임하여도 트루스타이트 조직이 된다.(마텐자이트 → 트루스타이트)

(2) 고온 뜨임

구조용 강은 강인한 조직인 소르바이트 조직으로 바꾸기 위하여 500~600℃에서 한다. (트루스타이트 → 소르바이트)

> **참고** 열처리 조직변화순서
> 오스테나이트 → 마텐자이트 → 트루스타이트 → 소르바이트

3. 풀림(annealing)

재료의 내부응력을 제거하고 경화된 재료를 연화하기 위하여 가열 후 서냉한다.

4. 불림(normalizing)

A_3 또는 A_{cm} 선보다 30~50℃ 높게 가열후 균일한 오스테나이트 조직으로 된 다음 공냉하여 조직이 미세화되고 표준화된 조직을 얻는 열처리

4-3 항온열처리(Isothermal heat treatment)

강을 가열(오스테나이트) 후 냉각시킬 때 냉각도중 어떤 온도에서 냉각 정지한 다음 그 온도에서 변태시켜 변태 개시온도와 변태완료 온도를 온도-시간 곡선으로 나타낸 것으로 항온변태곡선이라고 하는데 이 곡선을 이용한 열처리를 항온열처리라 한다.

항온변태곡선(isothermal transformation curve) = TTT곡선 = S곡선

1. 오스템퍼(austemper)

Ar'와 Ar" 중간의 염욕 중에서 항온변태 후 상온까지 냉각하여 강인한 하부 베이나이트 조직을 얻는 방법(강인성이 크며, 담금질 변형 및 균열방지)

2. 마템퍼(martemper)

Ar" 구역 중에서 Ms와 Mf 간의 염욕 중에서 항온변태 후 공냉하여 마텐자이트와 베이나이트의 혼합조직을 얻는 방법(경도, 충격값이 큰 조직)

3. 마퀜칭(marquenching)

오스테나이트 구역에서 Ms점보다 약간 높은 온도에서 염욕에 담금질하여 항온을 유지한 후 급냉 오스테나이트가 항온변태를 일으키기 전에 공냉으로 Ar" 변태가 진행되어 마텐자이트를 얻는 방법(마퀜칭 후 뜨임하여 사용)

4-4 표면경화법

기어, 크랭크축, 캠 등은 내마멸성과 강인성이 있어야 한다. 이때 강인성이 있는 재료의 표면을 열처리하여 경도를 크게 하는 것을 표면경화법이라 한다.

1. 침탄법(carburizing)

0.2% 이하의 저탄소강을 침탄제와 침탄 촉진제를 소재와 함께 침탄 상자에 넣은 후 침탄 노에서 가열하면 0.5~2mm의 침탄층이 생겨 표면만 단단하게 하는 표면경화법이다.

- Case hardening(케이스 하드닝) : 침탄 후 담금질 열처리

① **고체침탄법** : 침탄제인 목탄이나 코크스 분말과 침탄 촉진제($BaCO_3$, 적혈염, 소금 등)를 소재와 함께 침탄 상자에서 900~950℃로 3~4시간 가열하여 표면에서 0.5~2mm의 침탄층을 얻는 방법이다. 목탄 60%와 $BaCO_3$ 40%의 혼합물이 많이 사용된다.

② **액체 침탄법** : 침탄제(NaCN, KCN)에 염화물(NaCl, KCl, $CaCl_2$ 등)과 탄화염(Na_2CO_2, K_2CO_2 등)을 40~50% 첨가하고 600~900℃에서 용해하여 C와 N이 동시에 소재의 표면에 침투하게 하여 표면을 경화시키는 방법으로 청화법 또는 시안화법이라고도 한다.

③ **가스 침탄법** : 고온에서 탄화수소계[CO_2, CO, CH_4(메탄), C_2H_6(에탄), C_3H_8(프로판)]의 가스를 표면에 접촉시켜 활성탄소를 석출시키는 방법

2. 질화법(nitriding)

암모니아 가스(NH_3)를 이용한 표면경화법으로 질소는 고온에서 철 또는 강철에 작용하여 질화철을 형성하는 것으로서 마모저항 및 경도가 크나 취성이 있다.

[특징] ① 경화층은 얇고 경화는 침탄한 것보다 크다.
② 마모 및 부식에 대한 저항이 크다.
③ 질화강은 질화 후 담금질할 필요가 없고 변형이 적다.
④ 600℃ 이하에서는 경도가 감소되지 않고 산화도 잘 안 된다.

> 참고 **용도** : 자동차의 크랭크축, 캠, 스핀들, 동력전달용 체인, 펌프축, 톱니바퀴

3. 물리적인 표면경화법

① **화염 경화** : 탄소강이나 합금강에서 0.4% 탄소 전후의 재료를 필요한 부분에 산소-아세틸렌의 화염으로 표면만 가열하여 오스테나이트로 한 다음 담금질해서 표면만 경화하는 법이다.
② **고주파 경화** : 화염경화와 같은 원리이나 고주파 전류를 이용한 방법으로 담금질 시간이 짧고 복잡한 형상에도 이용할 수 있다.

4. 금속 침투법(cementation)

강철 표면에 타금속(Cr, Al, Ti, Co, Si)을 스며들게 하여 그 표면에 합금층 및 금속 피복을 만드는 방법
① **크로마이징(Cr의 침투 처리)** : 내식, 내산 내마모성을 좋게 하기 위하여 Cr을 침투시키는 처리이며, 줄의 표면경화에 이용된다.
② **칼로라이징(Al의 침투 처리)** : 강의 표면에 Al을 침투시키는 처리이며 고온산화성이 크고, 내 스케일(scale)성을 증가시키는 것을 목적으로 한다. 현재 많이 사용하는 방법은 혼합 분말에 의한 방식이다.
③ **실리코나이징(Si의 침투 처리)** : 내식성을 증가시키는 방법으로 강철 표면에 Si를 침투 확산시키는 처리로서 고체 분말법과 가스법이 있다.
④ **보로나이징(B의 침투 처리)** : 강재 표면에 붕소를 침투 및 확산시켜 경도가 높은 B화층을 형성시키는 경화법이다.

기·계·제·작·법

제05장

공작기계 절삭 이론

5-1 공작기계 용도에 따른 분류
5-2 공작기계의 기본운동
5-3 칩의 생성과 구성인선
5-4 절삭조건 및 절삭저항
5-5 공구의 수명 및 마멸
5-6 절삭공구재료
5-7 절삭제(cutting fluids)
5-8 공작기계의 가공정밀도

기·계·제·작·법

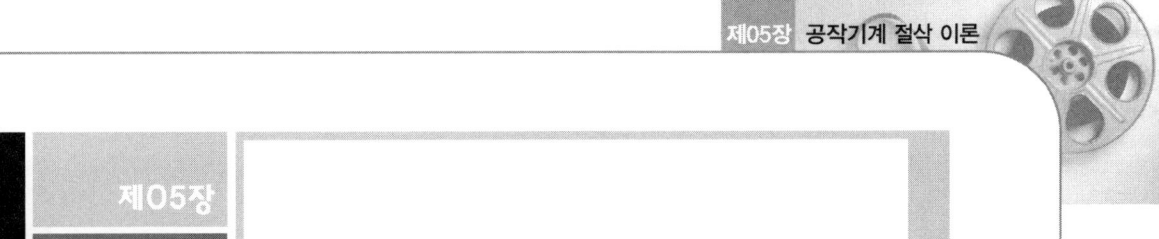

05 공작기계 절삭 이론

5-1 공작기계 용도에 따른 분류

(1) 범용 공작기계(general purpose machine tool)

일반적으로 널리 사용되는 공작기계로 일감의 크기, 재질 등에 따라 여러 가지의 가공을 할 수 있으며, 절삭 및 이송속도의 범위가 크다.(선반, 밀링, 세이퍼, 플레이너, 슬로터, 드릴링 M/C, 연삭기 등)

(2) 전용 공작기계(special purpose machine tool)

특정한 모양이나 같은 종류의 제품을 대량 생산하기 위한 공작기계로써 차륜 선반, 크랭크축 선반 및 전용공작 기계를 여러 개 조합하여 자동화 한 트랜스퍼 머신이 있다.

(3) 단능 공작기계(single purpose machine tool)

단순하게 한 공정의 가공만을 할 수 있는 구조로 다른 종류의 것을 가공하는 데는 융통성이 없는 기계. 종류로는 공구 연삭기, 센터링 머신, 단능선반과 타이어 보링 머신이 있다.

(4) 만능 공작기계(universal machine tool)

선반, 밀링, 드릴링 M/C 등의 기능을 1대의 기계로 조합한 것. 장소가 좁고 많은 작업을 하지 않는 소규모의 공장이나 보수를 목적으로 하는 공작실, 금형공장 등에 사용한다.

5-2 공작기계의 기본운동

(1) 절삭운동(cutting motion)

절삭할 때 칩의 길이방향으로 절삭공구가 움직이는 운동
① 공구 : 밀링, 드릴링 M/C, 브로우칭 M/C, 세이퍼, 슬로터
② 일감 : 선반, 플레이너
③ 공구와 일감 : 호빙 M/C, 래핑 M/C, 원통 연삭기

(2) 이송운동(feed motion)

절삭공구 또는 가공물을 절삭방향으로 이송하는 운동
[예] 선반, 드릴링 M/C : 1회전당 이송량[mm/rev]
    밀링 M/C : 1분간 테이블 이송량[mm/min]

(3) 위치조정운동(positioning motion) 또는 조정운동

공작물과 공구간의 절삭조건에 따른 절삭깊이 조정 및 일감·공구의 설치 또는 제거

5-3 칩의 생성과 구성인선

1. 칩의 생성(chip formation)

절삭가공할 때의 발생되는 칩은 전단변형에 의해 발생하는데 칩의 형태는 절삭공구의 모양, 절삭속도, 절삭깊이, 이송, 공작물의 재질 등에 따라서 결정되며, 일반적으로 칩의 생성모양은 다음과 같이 나눌 수 있다.

① 유동형 칩(flow type chip)
② 전단형 칩(shear type chip)
③ 열단(경작)형 칩(tear type chip)
④ 균열형 칩(crack type chip)

[칩의 종류 및 모양]

칩의 모양	발생원인	특징
① 유동형 칩	① 절삭속도가 클 때 ② 바이트 경사각이 클 때 ③ 연강, Al 등 인성이 있고 연한 재질일 때 ④ 절삭깊이가 작을 때 ⑤ 윤활성이 좋은 절삭제의 공급이 많을 때	① 칩이 바이트 경사면에 연속적으로 흐른다. ② 절삭면은 평활하고 날의 수명이 길어 절삭조건이 좋다.(가공면이 깨끗하다.) ③ 연속된 칩은 작업에 지장을 주므로 적당히 처리한다.(칩 브레이커 등에 이용)
② 전단형 칩	① 칩의 미끄러짐 간격이 유동형보다 약간 커진 경우 ② 경강 또는 동합금 등의 절삭각이 크고(90° 가깝게) 절삭깊이가 깊을 때	① 칩은 약간 거칠게 전단되고 잘 부서진다. ② 전단이 일어나기 때문에 절삭력의 변동이 심하게 반복된다. ③ 다듬질면은 거칠다.(유동형과 열단형의 중간)
③ 열단형 칩	① 경작형이라고도 하며 바이트가 재료를 뜯는 형태의 칩 ② 극연강, Al합금, 동합금 등 점성이 큰 재료의 저속 절삭 시 생기기 쉽다.	① 표면에서 긁어낸 것과 같은 칩이 나온다. ② 다듬질면이 거칠고, 잔류응력이 크다. ③ 다듬질가공에는 매우 부적당하다.
④ 균열형 칩	메진 재료(주철 등)에 작은 절삭각으로 저속 절삭을 할 때에 나타난다.	① 날이 절입되는 순간 균열이 일어나고, 이것이 연속되어 칩과 칩 사이에는 정상적인 절삭이 전혀 일어나지 않으며 절삭면에도 균열이 생긴다. ② 절삭력의 변동이 크고, 다듬질면이 거칠다.

> **참고** 칩 브레이크
> 연속적인 칩을 짧게 끊어주는 장치이며, 안전장치의 역할을 한다.

[절삭조건과 칩의 형태]

칩의 구분	피삭재의 재질	공구의 경사각	절삭속도	절삭깊이
유동형 칩	연하고 점성	大	大	小
전단형 칩	↑ ↓	↓	↓	↓
균열형 칩	단단하고 취성	小	小	大

2. 구성인선(built-up edge)

일반적으로 연한재료(연강, 알루미늄, 스테인리스강)의 절삭영역에서 국부적인 고온, 고압에 의하여 공구의 절삭날 부근에 공작물의 미소한 입자가 압착 또는 용착되어 나타나는 것으로 매우 굳어서 절삭날의 역할을 하는 경우도 있다. 구성인선의 발생과정은 발생→성장→분열→탈락을 반복하면서 작업이 진행된다.(주기는 보통 1/100~1/200sec 정도이다.)

[구성인선 방지책] ① 경사각을 크게 할 것
② 절삭속도를 크게 할 것(120m/min 이상)
③ 절삭깊이를 적게 할 것
④ 윤활성이 있는 절삭제를 사용할 것
⑤ 고온가공(재결정 온도 이상)을 한다.

5-4 절삭조건 및 절삭저항

1. 절삭조건

공작물의 표면거칠기와 치수정밀도는 공구의 각도와 모양뿐만 아니라, 절삭속도, 이송속도, 절삭깊이, 절삭제 등의 영향을 받는다.

(1) 절삭속도(cutting speed)

가공물이 단위시간에 공구의 인선을 통과하는 속도로 표시하며, 절삭속도(V=m/min)는 다음 식과 같다.

$$V = \frac{\pi DN}{1000} [\text{m/min}]$$

$\begin{bmatrix} D : \text{가공물의 지름(mm)} \Rightarrow \text{선반의 경우} \\ N : \text{회전수(rpm)} \\ V : \text{절삭속도(m/min)} \end{bmatrix}$

* 절삭속도는 절삭가공의 능률이나 공구수명에 가장 큰 영향을 끼친다.

(2) 이송속도(feed speed)

이송운동의 속도를 말하며, 선삭에서는 주축(spindle)의 1회전 마다의 이송 mm/rev로 표시하고 밀링에서는 1분간 테이블 이동거리 mm/min과 밀링커터 1회전에 테이블의 이동거리 mm/rev로 표시한다.

(3) 절삭깊이

절삭공구가 가공물의 표면 아래로 파 들어간 거리이며, 절삭깊이가 크면 공구의 온도 상승과 수명이 감소한다.

(4) 절삭동력(cutting power)

① 전소비동력 : $N = N_n + N_f + N_l$

② 실제 절삭동력 : $N_n = \dfrac{P_1 \times v}{60 \times 75}[\text{PS}] = \dfrac{P_1 \times v}{60 \times 102}[\text{kW}]$

③ 이송동력 : $N_f = \dfrac{P_2 \times n \times s}{60 \times 75 \times 10^2}[\text{PS}] = \dfrac{P_2 \times n \times s}{60 \times 102 \times 10^2}[\text{kW}]$

④ 손실동력 : $N_l = N - N_n = N_n \left(\dfrac{1-\eta}{\eta} \right)$

여기서, P_1 : 주절삭력(kgf)
P_2 : 이송분력(kgf)
v : 절삭속도(m/min)
s : 이송속도(mm/rev)
n : 회전수(rpm)
η : 기계효율 $\left(\eta = \dfrac{N_n}{N} \right)$

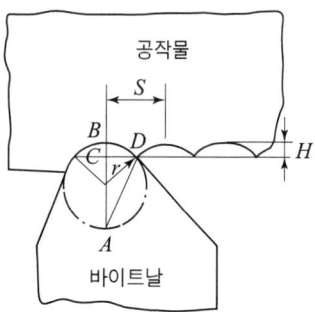

[노즈 반지름에 의한 가공면의 거칠기]

(5) 가공면의 거칠기(조도)

$$H = \dfrac{S^2}{8r}$$

여기서, H : 가공면의 굴곡을 나타내는 최대높이
r : 바이트 날끝부분의 반지름
S : 이송

2. 절삭저항(cutting resistance)

공구를 이용하여 공작물을 절삭하는 것은 공작물에 소성변형을 주어서 칩을 공작물 표면에서 분리시키는 것이며 이때 공구는 공작물로부터 큰 저항을 받는데 이것을 절삭저항이라 한다.

① 주분력 : 가장 큰 분력으로 절삭방향에 평행한 분력
② 배분력 : 가공정밀도에 영향을 주고, 절삭깊이 방향의 분력
③ 횡분력(이송분력) : 바이트의 이송방향 분력
④ 절삭저항 3분력 크기 순서 : 주분력 〉배분력 〉횡분력(이송분력)

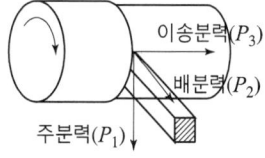

[절삭저항]

> **참고** 절삭저항에 영향을 주는 요인
> 절삭속도(회전수), 날끝의 형상, 공작물의 재질, 절삭량(절삭깊이), 절삭제 등이다.

5-5 공구의 수명 및 마멸

1. 공구의 수명식과 판정

공구수명은 절삭을 시작하여 공구를 재연삭할 필요가 생기기까지의 유효절삭시간

(1) 테일러(Taylor)의 공구 수명식

$$VT^n = C$$

여기서, V : 절삭속도(m/min)
T : 공구수명(min)
n : 상수이며 고속도강(0.05~0.2), 초경합금(0.125~0.25), 세라믹 공구(0.4~0.55) 일반적으로 $n = 1/10 \sim 1/5$ 적용된다.
C : 공구, 공작물, 절삭조건에 따라 변하는 값

> **참고** 절삭온도와 공구수명과의 관계
> $\theta \cdot T^n = C$
> θ : 절삭온도
> T : 재연삭까지의 실제절삭시간(min)
> C : 상수

(2) 공구의 수명판정

① 완성가공면 또는 절삭가공한 직후에 가공 표면에 광택이 있는 색조(무늬) 또는 반점이 생길 때
② 공구인선의 마모가 일정량에 달하였을 때
③ 완성가공된 치수의 변화가 일정량에 달하였을 때
④ 절삭저항의 주분력에는 변화가 나타나지 않더라도 배분력 또는 이송분력이 급격히 증가하였을 때이다.(고속도강 공구 : ①, ④ 적용되고, 경질합금공구 : ② 적용된다.)

> **참고** 공구의 수명은 절삭속도, 이송, 절삭깊이의 순으로 영향을 받는다.

2. 공구의 마멸

① 크레이터 현상(crater) : 공구의 표면층의 일부가 움푹하게 파여지며, 절삭도중에 떨어져 나가는 현상
② 플랭크 마모(flank wear) : 공구의 플랭크(여유면)가 절삭면에 평행하게 마멸되는 현상

③ **치핑(chipping, 결손)** : 날끝의 일부가 파괴되어 탈락하는 것.(절삭날에 충격을 받을 때 발생)

3. 바이트의 공구각

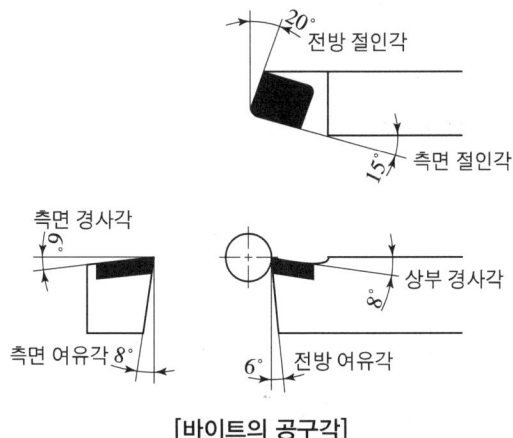

[바이트의 공구각]

① **절인각(cutting edge angle)** : 경사면과 여유면이 이루는 각
② **경사각(rake angle)** : 윗면과 측면에 경사를 이루는 각(각이 클수록 절삭저항이 감소하나 공구의 수명은 저하된다)
③ **여유각(clearance angle)** : 날 끝에 적당한 각도를 주어 날끝의 배면(背面)이 공작물과 접촉되지 않게 만든 각(공구와 일감의 마찰방지)

5-6 절삭공구재료

1. 공구재료의 구비조건

① 가공재료보다 경도가 클 것
② 고온에서도 경도가 감소되지 않아야 한다.
③ 인성강도와 내마모성이 클 것
④ 쉽게 원하는 모양으로 제작할 수 있어야 한다.
⑤ 사용상 취급이 편리하고 가격이 싸고 경제적이어야 한다.

2. 공구재료의 종류

(1) 탄소 공구강(carbon tool steel) : STC 1~7

탄소량이 0.6~1.5% 범위가 탄소강이며, 탄소 함유량 0.9~1.3%의 탄소강을 담금질하여 뜨임 열처리를 하면 높은 경도와 강도 그리고 강성을 가지게 되므로 절삭공구로 사용된다.
[용도] 줄, 정, 펀치, 쇠톱날 등

(2) 합금 공구강(alloy tool steel) : STS 8

탄소량이 0.8~1.5%에 소량의 크롬, 텅스텐, 니켈, 바나듐 등을 첨가한 강이며, 탄소공구강보다는 절삭성이 양호하고 내마멸성과 고온 경도가 높아 저속 절삭용 및 총형 공구용으로 주로 사용된다.

(3) 고속도 공구강(high speed steel : HSS) : SKH 2, 3, 4, 10

고속도강은 내열성과 내마모성이 커서 고속절삭이 가능하며 온도가 600℃ 정도까지 열을 주어도 연화하지 않는 특징이다.
대표적인 것으로 0.8%의 탄소량에 W(18%)−Cr(4%)−V(1%)인 18−4−1형이 있다.

(4) 소결 초경합금(sintered hard metal)

소결 초경합금은 WC, TiC, TaC 등의 분말에 코발트 분말을 결합제로 하여 혼합한 다음 가압, 성형한 것을 800~1000℃에서 소결(sintering)한 후에 수소 기류 중에서 1400~1500℃에서 소결시키는 분말 야금법으로 만들어진다.
초경합금은 P, M, K계열이 있으며 P계열은 강, 합금강, 가공용으로 적합하고 M계열은 스테인레스강, 주철, 주강 가공용 K계열은 주철, 비철금속, 비금속 가공용으로 적합하다. 경도는 P〉M〉K, 인성은 P〈M〈K 순이다.
상품명으로 독일의 위디아(widia), 미국의 카볼로이(carboloy), 일본의 탕갈로이(tungaloy), 다이알로이(dialoy), 영국의 미디아(midia) 등이 있다.

(5) 주조 경질합금(cast alloyed hard metal)

대표적인 것으로 스텔라이트(stellite)가 있으며, 주조후 열처리하지 않아도 고온경도와 내마모성이 크다. 주성분으로는 W−Cr−Co−C이다.(보통 공구 선단에 전기용접 또는 동 납으로 땜하여 사용)

(6) 세라믹 공구(ceramic tool)

산화 알루미늄(Al₂O₃) 가루에 규소 및 마그네슘의 산화물 또는 다른 산화물의 첨가물을 넣고 소결한 합금으로 고온에서도 경도가 높고 내마멸성이 좋으며, 초경합금보다 더욱 높은

속도로 절삭할 수 있으나, 경질합금보다 인성이 적고 취성(brittleness)이 있어 충격 및 진동에 약하다. 절삭시 절삭유를 사용하지 않는다.

(7) 서멧 공구(cermet tool)

서멧(cermet) 공구는 탄화 텅스텐보다 경도 및 고온 특성이 우수한 탄질화 티탄(TiCN)을 주체로 한 공구로서 종래 탄화 티탄(TiC) 주체의 서멧에 비하여 인성을 한층 보강시킨 고강도 공구이며, 초경합금에 비해 고속절삭이 가능하고 공구수명이 길다.

(8) 인조 다이아몬드 공구(diamond tool)

인조 다이아몬드 공구는 경도가 가장 높고 내마멸성도 크며 또한 절삭속도가 가장 높고 능률적이며, 특히 초정밀 완성 가공에 적합하며, 비철금속(Al, Cu)의 정밀절삭에 적합하다. 취성의 성질이 있고, 너무 고가인 결점이 있다.

(9) CBN 공구(Cubic Boron Nitride Tool)

질화입방정붕소(CBN)의 미소분말을 초고온고압으로 소멸시킨 공구로 주로 난삭제의 절삭에 쓰이며, 초경합금보다 경도가 1.5~2배 크다.

> **참고 난삭제**
> 고강도로 인하여 절삭이 어려운 재료
> (예 : 경도가 높은 칠드주물, 담금질강, 고속도강, 내열강)

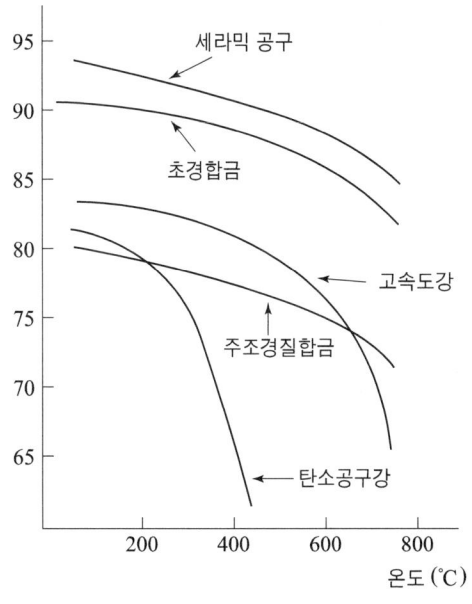

[공구재료의 온도와 경도]

5-7 절삭제(cutting fluids)

공작물의 가공면과 공구 사이에는 절삭 및 전단 작용에 의해서 온도가 상승하여 나쁜 영향을 주게 되는데, 이와 같은 나쁜 영향을 방지하기 위하여 절삭유를 사용한다.

1. 절삭유의 작용

① **냉각작용** : 공구와 일감의 온도증가 방지
② **윤활작용** : 공구의 윗면과 칩 사이의 마찰감소
③ **세척작용** : 칩을 씻어버리는 작용

> **참고** 주철 절삭시 절삭유를 사용하지 않는다.

2. 절삭제의 사용 목적

① 절삭 공구날의 경도저하방지
② 절삭공구 마모, 수명방지
③ 공작물(일감)의 온도상승을 방지(가공정밀도 저하 방지)
④ 공작물의 공구날 사이의 마찰을 감소시켜 가공면을 매끈하게 한다.
⑤ 다듬질면의 상처(홈) 방지

3. 절삭유의 구비조건

① 칩 분리가 용이하여 회수가 쉬울 것
② 공작물과 기계에 녹이 슬지 않을 것
③ 윤활성, 냉각성이 우수할 것
④ 화학적으로 안전하고 위생상 해롭지 않을 것
⑤ 휘발성이 없고 인화점이 높을 것
⑥ 담색 투명하며 절삭부분이 잘 보일 것
⑦ 값이 저렴하고 쉽게 구할 수 있을 것

4. 절삭유의 종류

(1) 수용성 절삭유

선반, 밀링, 드릴링, 연삭작업에 사용된다.

① **에멜션유(유화유)** : 광유에 비눗물을 혼합(희석 1/20 : 우유빛)
② **솔류블형** : 침투성과 냉각성이 우수하다.(고속작업 및 연삭작업에 쓰인다.)
③ **솔류션형** : 방청력과 냉각성이 우수하다.(연삭작업에 주로 쓰인다.)

(2) 불수용성 절삭유

① **광물성유** : 점성이 낮고, 윤활작용이 좋은 반면 냉각작용은 좋지 못하여 주로 경절삭에 쓰이며, 종류로는 기계유(머신유), 스핀들유, 경유 등이 있다.
② **동·식물성유** : 점성높고 중절삭에 이용되며, 저속절삭, 나사절삭의 냉각에 사용된다. 돈유(lard oil), 올리브유(olive oil), 종자유(seed oil), 피마자유, 콩기름 등이 쓰인다.
③ **혼합유(혼성유)** : 동·식물성유 + 광물성유(강력절삭)
④ **극압유** : 고온·고압 마찰에 사용하며, 윤활작용이 주 목적이다. 극압첨가제로 황(S), 염소(Cl), 납(Pb), 인(P) 등이 쓰인다.
⑤ **석유(石油)** : 5~20배의 석유와 황유를 혼합, 고속절삭에 쓰인다.(Ni, 스테인리스강, 단조강)

5. 윤활제(lubricant)

윤활의 목적은 마찰면 사이에 적당한 윤활제(潤滑劑)를 적당한 양을 공급하여 고체마찰(固體摩擦)을 액체마찰 또는 경계(境界)마찰로 함으로써 마찰부의 발열, 마찰 및 마모상태가 공작기계의 사용상 지장이 없도록 감소시키고 밀폐작용, 청정작용, 방청작용, 세척작용 등에 있다.

① **핸드 오일링(hand oiling)** : 간단한 전동장치에 사용
② **적하 급유법(drop feed oiling)** : 저속 및 중속축의 급유에 주로 사용(널리 사용)
③ **링급유법(ring oiling)** : 고속 주축의 급유를 균등히 할 목적에 주로 사용
④ **분무(oil mist) 급유법** : 분무(spray) 상태의 기름을 함유하고 있는 압축공기를 공급하여 윤활하는 방법.(고속 내면 연삭기 고속 드릴 및 초고속 베어링의 윤활에 사용)
⑤ **비산 급유법(Splash oil)** : 베어링 등을 직접 기름 속에 담그지 않고 기어나 회전링에 의해 기름을 튀기게 하여 윤활하는 방법
⑥ **그리스(grease)의 윤활** : 그리스 윤활법에는 수동 급유법, 충전 급유법, 컵 급유법, 스핀들 급유법 등이 주로 사용

5-8 공작기계의 가공정밀도

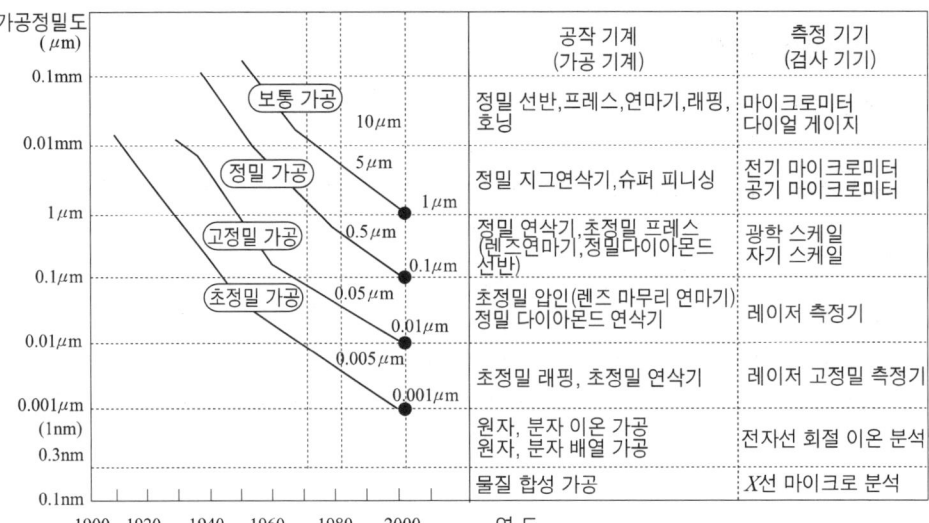

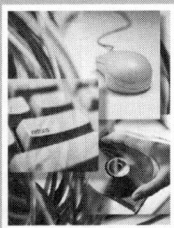

제06장
선반가공

6-1 선반의 개요
6-2 선반의 구성요소
6-3 선반에 쓰이는 부속장치
6-4 테이퍼 절삭방법
6-5 나사 절삭 방법

제06장 선반가공

선반가공

주축에 고정한 일감의 회전운동과 공구대에 설치된 바이트(bite)의 직선운동에 의해 일감을 깎는 공작기계를 선반(lathe)이라 한다.

6-1 선반의 개요

1. 선반의 종류

① **보통 선반**(engine lathe) : 일반적으로 가장 널리 사용
② **탁상 선반**(bench lathe) : 작업대 위에 설치, 소형이며 계기·시계 부품 가공에 사용
③ **터릿 선반**(turret lathe) : 여러 개의 공구 방사형, 콜릿척을 사용, 대량 생산에 적합

[터릿 선반]

④ **자동 선반**(automatic lathe) : 자동적으로 작동하며, 대량 생산에 적합(자동차 부품생산)
⑤ **모방 선반**(copying lathe) : 형판이나 모형을 이용하여 형판과 같은 윤곽절삭

⑥ **수직 선반(vertical lathe)** : 공구의 길이방향 이송이 수직방향으로 되어 있고 대형이고 중량물을 깎는데 사용. 안정된 중절삭과 정밀도가 높다.

⑦ **정면 선반(face lathe)** : 정면 선반(face lathe)은 짧고 지름이 큰 일감을 절삭하는데 쓰이는 것으로 주축내에 지름이 큰 면판을 구비하고 있다.

⑧ **공구 선반(tool room lathe)** : 테이퍼 가공장치, 콜릿(collet) 장치, 방진구, 릴리빙(relieving)장치가 부속되어 있으며, 공구선반은 작은 공구 게이지 및 정밀기계 부품을 가공하는데 사용

⑨ **기타 특수 선반**

 ㉠ 차축 선반(axle lathe) : 철도 차량용 차축을 주로 가공하는 선반이며, 면판붙이 주축대 2개를 마주세운 구조이다.

 ㉡ 크랭크축 선반(crank shaft lathe) : 크랭크축의 베어링 저널 부분과 크랭크핀을 가공하는 선반이며, 베드 양쪽에 크랭크핀을 편심시켜 고정하는 주축대가 있다.

 ㉢ 수치제어 선반(numerical control lathe) : 가공에 필요한 절삭조건을 수치적인 부호로 변환시켜, 천공 테이프 또는 카드에 기록하고 컴퓨터의 정보처리회로와 서보(servo)기구를 이용 정보화하여, 공구와 새들을 제어시켜 자동적으로 절삭가공이 이루어지도록 만든 선반이다.

2. 선반의 크기

① **베드위의 스윙** : 일감이 베드에 닿지 않고 깎을 수 있는 공작물의 최대 지름
② **양센터 사이의 최대 거리** : 깎을 수 있는 공작물의 최대 거리
③ **왕복대위의 스윙** : 왕복대위에 공작물이 닿지 않고 깎을 수 있는 최대 지름

3. 선반작업의 종류

① 외경 절삭   ② 단면 절삭   ③ 절단(홈) 작업   ④ 테이퍼 작업
⑤ 드릴링   ⑥ 보링   ⑦ 수나사 절삭   ⑧ 암나사 절삭
⑨ 정면 절삭   ⑩ 곡면 절삭   ⑪ 총형 절삭   ⑫ 널링 작업
⑬ 구면 가공   ⑭ 육면체 가공

[수나사 절삭]

[외경 절삭]

4. 선반 바이트 구조에 따른 분류

① **단체 바이트** : 날 부분과 자루부분이 같은 고속도강(HSS)바이트
② **팁 바이트** : 생크에서 날 부분에만 초경합금이나 용접이 가능한 바이트용 재질을 용접하여 사용하는 초경팁 완성 바이트
③ **클램프 바이트** : 인서트 팁 또는 하이스를 나사 이용하여 기계적으로 고정한 바이트

6-2 선반의 구성요소

1. 주축대(head stork)

주축 : 중공원으로 되어 있어 긴공작물을 가공할 수 있으며, 재질은 Ni-Cr강을 사용한다.

2. 심압대(tail stork)

베드위의 우측에 위치하며, 구멍뚫기 및 테이퍼 절삭, 양센터 작업을 할 수 있다.

3. 왕복대(carriage)

공구부착, 공작물을 절삭하는 부분
[구성] 새들과 에이프런(자동 이송장치가 부착), 공구대

4. 베드(bed)

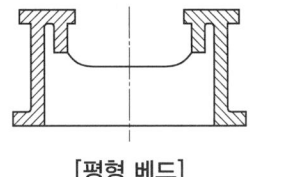
[평형 베드]

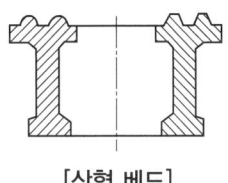
[산형 베드]

(1) 영 식

① 안내면 : 평형
② 수압면적이 크다.
③ 대형 선반에 쓰인다.
④ 강력절삭(중절삭)에 적합하다.

(2) 미 식

① 안내면 : 산형
② 진동이 적다.
③ 정밀선반에 쓰인다.
④ 정밀절삭(소형 절삭)에 적합하다.

> **참고** 선반의 5대 구성요소
> 주축대, 심압대, 왕복대, 베드, 다리

[선반의 구성]

6-3 선반에 쓰이는 부속장치

1. 센터(center)

센터는 공작물을 지지하는 부속장치이며, 양질의 탄소강 또는 고속도강, 특수 공구강으로 만들며 열처리를 하며 주로 사용된다. 센터의 선단각(θ)은 보통 일감 : 60°(미국식), 대형 중량물을 지지할 때 : 75° 또는 90°(영국식)이다.

① 회전 센터(live center) : 주축에 삽입, 재질은 연강
② 정지 센터(dead center) : 심압대에 삽입, 윤활유(그리스) 주입해야 하며, 가장 정밀한 작업에 쓰인다.

③ 하프 센터(half center) : 끝면깎기에 사용
④ 베어링 센터(bearing center) : 중량물가공 및 고속회전절삭에 사용한다.
⑤ 파이프 센터(pipe center) : 관류나 중량이 큰 공작물 가공시 사용한다.

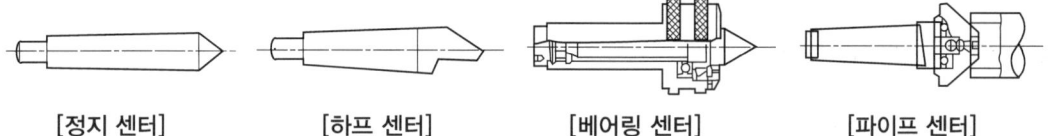

[정지 센터]   [하프 센터]   [베어링 센터]   [파이프 센터]

2. 센터 드릴(center drill)

센터 드릴은 선반에서 공작물에 센터의 끝이 들어가는 구멍을 뚫는 드릴이며, 일반적으로 센터 드릴의 크기는 공작물의 무게나 지름에 따라서 각각 다르다.

[공작물 지름과 센터드릴]

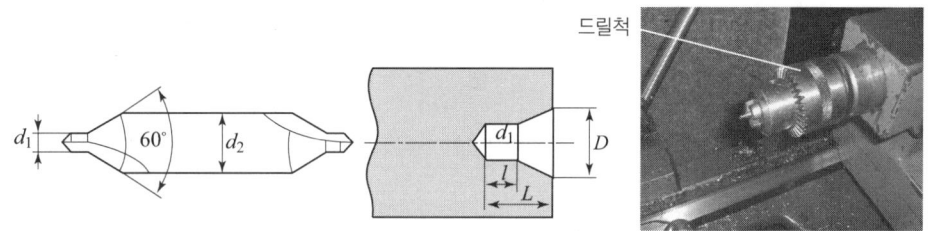

일감 지름(mm)	호칭 치수 d_1(mm)	드릴 지름 d_2(mm)	D(mm)	L(mm)	l(mm)
5 이하	0.7	3.5	2	2	0.8
5~15	1	4	2.5	2.5	1.2
10~25	1.5	5	4	4	1.8
20~35	2	6	5	5	2.4
30~45	2.5	8	6.5	6.5	3
35~60	3	10	8	8	3.6
40~80	4	12	10	10	4.8
60~100	5	14	12	12	6
80~140	6	18	15	15	7.2

3. 척(chuck)

공작물을 지지하고 회전시키는 부품
① **단동척** : 조오 4개, 불규칙한 형상을 물릴 때(조오는 개별적으로 움직인다.)
② **연동척(스크롤척)** : 조오 3개, 조오가 동시에 움직인다.(원형, 삼각·육각 봉재에 사용)
③ **마그네틱척(자기척)** : 두께가 얇은 공작물을 가공시 사용
④ **콜릿척** : 가는 지름 또는 각재를 가공할 때 편리(터릿선반에서 대량 생산시)
⑤ **복동척** : 단동척과 연동척의 기능을 갖도록 한 척

> **척의 크기**
> ① 물릴 수 있는 공작물의 최대 지름 : 콜릿척, 벨척
> ② 척의 바깥지름 : 단동척, 연동척, 복동척, 자기, 압축공기척

4. 기타 부속장치

(1) 면판(face plate)

큰공작물, 복잡한 형상의 공작물을 고정할 때 볼트나 앵글 플레이트를 사용하여 고정

(2) 심봉(mandrel)

내면을 다듬질한 중공의 공작물 외면을 가공할 때 그 구멍에 맨드릴을 끼워 맨드릴의 센터 구멍으로 지지하여 벨트 풀리나 기어소재 가공시 사용한다.

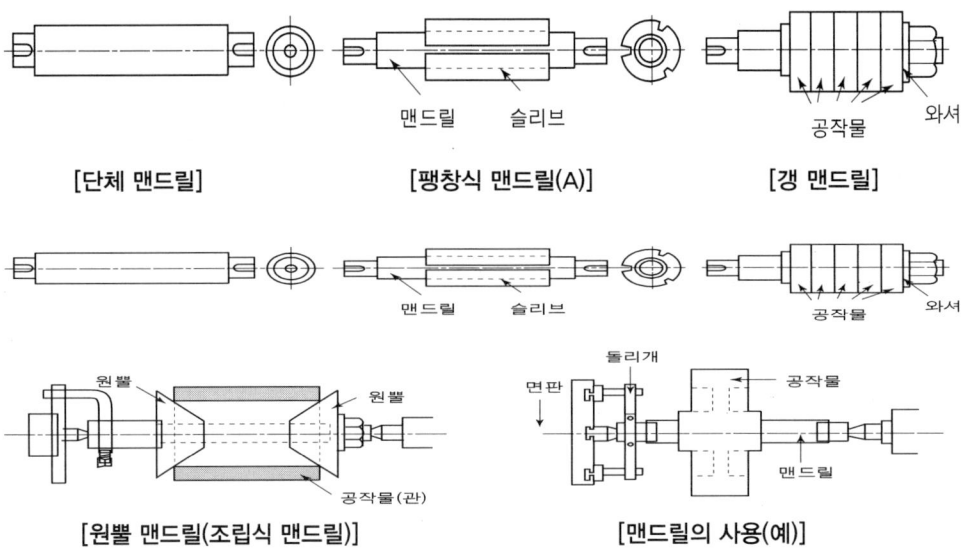

① **사용목적** : 구멍과 바깥지름을 동심원으로 가공하기 위하여 사용한다.
② **맨드릴의 종류**
　㉠ 표준 맨드릴 : 테이퍼값이 1/100, 1/000 정도이고 가공물을 지지하는데 사용한다.
　㉡ 팽창식 맨드릴 : 바깥지름을 다소 조절하여 가공물을 지지하는데 사용한다.
　㉢ 조립식 맨드릴 : 지름이 큰 파이프 가공에 주로 사용한다.(원뿔 맨드릴)
　㉣ 너트 맨드릴 : 기어, 와셔, 칼라와 같은 가공물을 여러 개 설치하는 것으로 갱 맨드릴이라고도 한다.

(3) 방진구(work rest)

가늘고 긴 모양의 가공물을 절삭할 때 가공물의 자중(self load)으로 휘거나 절삭력에 의해 구부러지는 경우 이것을 방지하기 위해 사용한다.(길이가 지름의 20배 이상일 때 사용)
① **고정식 방진구** : 베드위에 고정, 조오 3개(120°)(긴 구멍 가공시)
② **이동식 방진구** : 왕복대의 새들에 설치, 조오 2개(긴축 가공시)

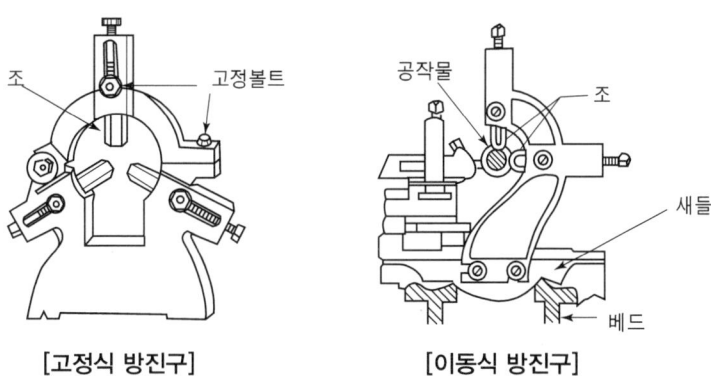

[고정식 방진구]   [이동식 방진구]

6-4 테이퍼 절삭방법

1. 복식 공구대를 선회시키는 방법

선반 센터의 선단 또는 베벨기어의 소재 등과 같이 테이퍼가 크고 비교적 길이가 짧은 공작물의 테이퍼 절삭에 사용되는 방법

$$\tan\theta = \frac{x}{l}, \quad x = \frac{D-d}{2}$$

$$\therefore \tan\theta = \frac{(D-d)}{2l}$$

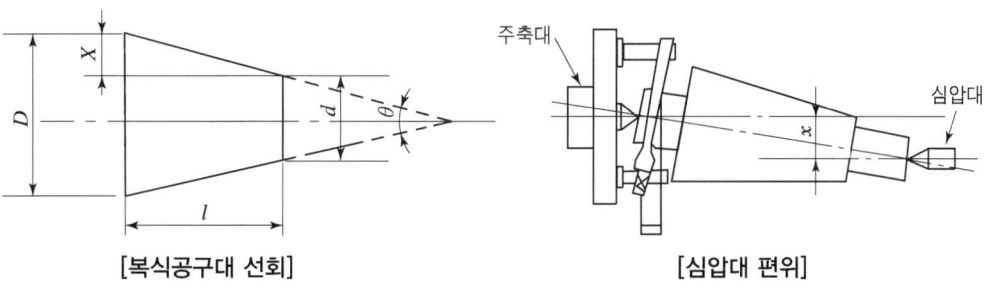

[복식공구대 선회]   [심압대 편위]

> 참고 수평투영선이 평행하고 양센터의 높이가 다를 경우 : 쌍곡면 절삭

2. 심압대를 편위시키는 방법

양 센터 사이에 공작물을 설치하고 센터를 서로 엇갈리게 하여 절삭하는 방법으로 심압대를 편위시키는 방법이며 비교적 길이가 긴 공작물을 가공할 때 사용한다.

$$x = \frac{(D-d)L}{2l}[\text{mm}]$$

단, $L = l$ 일 때

$$x = \frac{D-d}{2}$$

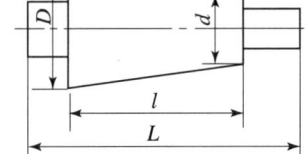

여기서, D : 공작물의 큰 지름
d : 공작물의 작은 지름
L : 공작물의 길이
l : 테이퍼의 길이
x : 심압대의 편위량(mm)

3. 테이퍼 절삭장치(taper cutting attachment)를 사용하는 방법

릴리이빙 선반이나 공구 선반에 장착하여 사용

4. 가로깎는 이송과 세로깎는 이송을 동시에 작업하는 방법(NC 선반)

6-5 나사 절삭 방법

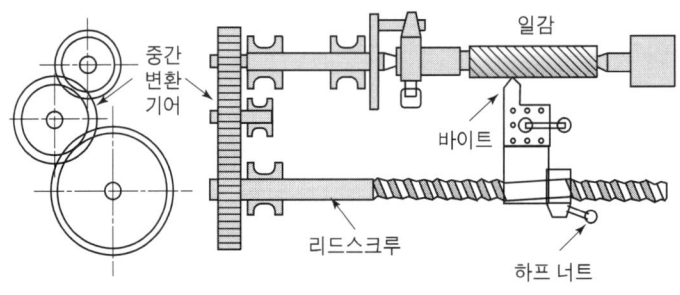

[선반의 나사절삭]

1. 미식선반

20~64개 사이는 4씩 잇수가 증가하고 그 외 72, 80, 120, 127개의 잇수를 가진 기어가 있다.

2. 영식선반

20~120개 사이는 5개씩 증가하고, 그외 127개의 잇수를 가진 기어가 있다.

(1) 리드 스크류가 미터식인 경우

$$\frac{\text{공작물의 피치(mm)}}{\text{리드 스크류의 피치(mm)}} = \frac{A}{B} \times \frac{C}{D} (\text{4단 걸기})$$

여기서, A : 주축측의 기어 잇수
D : 리드 스크류측의 기어 잇수

(2) 2단 걸기

$\frac{A}{D}$ (만일 $\frac{A}{D}$의 비가 $\frac{1}{6}$보다 작을 때는 4단 걸기를 한다.)

(3) 인치가 나오면

공작물 또는 리드 스크류에 인치가 나오면 127인 기어는 반드시 들어간다(단, 어미나사와 공작물의 피치가 인치인 경우에는 예외로 한다).

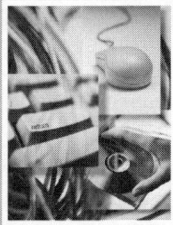

기·계·제·작·법

제07장
밀링가공

7-1 밀링 머신의 개요
7-2 밀링 머신의 종류 및 구조
7-3 밀링 절삭
7-4 분할작업 및 헬리컬 가공

기·계·제·작·법

제07장
밀링가공

많은 날을 가진 커터를 회전시켜 테이블 위에 고정된 공작물을 절삭가공하는 공작기계

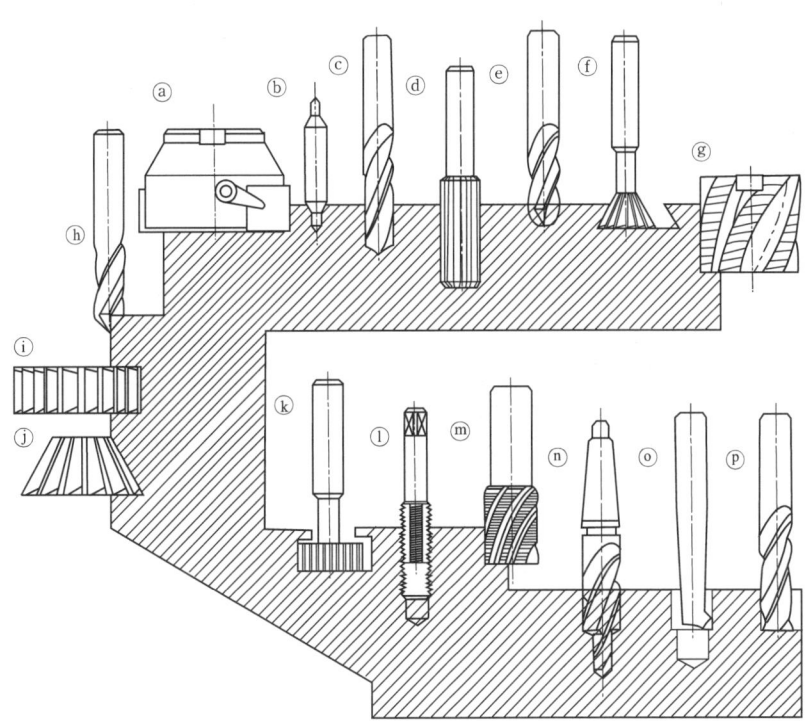

ⓐ 정면커터
ⓑ 센터 드릴
ⓒ 드릴
ⓓ 리머
ⓔ 볼 엔드 밀
ⓕ 더브테일 커터
ⓖ 셀 엔드 밀
ⓗ 모따기 커터
ⓘ 측면 커터
ⓙ 각도 커터
ⓚ T홈 커터
ⓛ 탭
ⓜ 거친 절삭 엔드 밀
ⓝ 단차 드릴
ⓞ 보링
ⓟ 엔드 밀

[밀링절삭공구의 종류와 절삭 예]

7-1 밀링 머신의 개요

1. 밀링 머신(milling machine)의 작업 종류와 공구

① **평면절삭** : 플레인 밀링커터(수평 밀링), 정면 커터(수직 밀링 M/C에 사용)
② **홈 절 삭** : 엔드밀, 홈밀링커터, 반월 키홈 밀링커터
③ **측면절삭** : 사이드 밀링커터
④ **절단작업** : 메탈소, 등각밀링커터
⑤ **각도절삭** : 앵글커터
⑥ **총형절삭** : 인벌류트 밀링커터(기어절삭), 외원형 밀링커터(나선홈 절삭)
⑦ **정면절삭** : 엔드밀, 정면밀링커터

2. 밀링 머신의 크기

(1) 수평 밀링 머신

① 테이블면의 크기
② 테이블의 최대 이동(좌우×전후×상하)거리
③ 주축의 중심선에서 테이블면까지의 최대 거리

[밀링 커터]

(2) 수직 밀링 머신

① 테이블면의 크기
② 테이블의 최대 이동(좌우×전후×상하)거리
③ 주축단에서 테이블면까지의 최대 거리
④ 주축대의 최대 이동 거리

[밀링 머신의 호칭 번호와 크기]

규격번호 No.	No. 0	No. 1	No. 2	No. 3	No. 4	No. 5
테이블(table)의 좌우 이동	450	550	700	850	1050	1250
새들(saddle)의 전후 이동	150	200	250	300	350	400
니(knee)의 상하 이동	300	400	400	450	450	500

7-2 밀링 머신의 종류 및 구조

1. 밀링 머신의 종류

(1) 니형 밀링 머신(knee type milling machine)

① **수직 밀링 머신**(vertical milling machine) : 주축이 테이블에 대하여 수직으로 장치되어 주축에 정면밀링커터, 엔드밀 등을 고정시켜 회전을 주어 절삭하는 공작기계

② **수평 밀링 머신**(horizontal milling machine) : 주축이 수평으로 되어 있으며 중공원으로 되어 있는 주축에 아버를 끼우고 아버에 커터를 장치하여 절삭하는 공작기계

③ **만능 밀링 머신**(universal milling machine) : 수평 밀링 머신과 거의 비슷하며 테이블이 45° 정도 회전할 수 있다. 특히 분할대와 기타 부속장치를 이용하여 비틀림홈, 나선홈, 헬리컬 기어 등을 가공할 수 있다.

[수평 밀링 머신의 구조]   [수직 밀링 머신]

(2) 생산형 밀링 머신(production milling machine : 베드형 밀링 머신)

대량 생산을 목적으로 만든 밀링 머신이며, 종류는 단두형, 쌍두형, 다두형 및 회전 테이블식 등이 있다.

(3) 플레이너형 밀링 머신(planer type milling machine)

플라노 밀러라고도 하며 중량물 및 대형 가공물의 중절삭에 사용한다. 여러개의 밀링커터를 사용하여 강력 절삭용으로 쓰인다.

[플레이너형 밀링 M/C]

(4) 특수 밀링 머신(플라노 밀러)

① 공구 밀링 머신
② 나사 밀링 머신 : 나사를 깎는 전용 밀링 M/C
③ 형조각 밀링 머신(모방 밀링 M/C)
④ 수치제어 밀링 머신

2. 밀링 머신의 구조

① **컬럼(기둥 : column)** : 기계를 지지하는 몸체
② **오버 암(over arm)** : 아버의 휨(굽힘) 방지
③ **주축(스핀들 : spindle)** : 중공원으로 되어 있으며 앞쪽은 내셔널 테이퍼 $T = 7/24$)로 되어 있고 아버에 커터를 끼워서 사용한다.(테이퍼 롤러 베어링 사용, 재질은 Ni-Cr 강 사용)
④ **니(knee)** : 상하 이동을 하며 수동 및 자동이송장치가 내장되어 있다.
⑤ **새들(saddle)** : 전후 이동을 한다.
⑥ **테이블(table)** : 좌우 이동을 하며 테이블 윗면에 T홈이 파져 있으며 직접 또는 바이스에 의해 일감을 고정한다.

3. 밀링 머신의 부속장치

① **아버(arbor)** : 커터를 고정할 때 사용. 또는 커터 고정시 어댑터(adapter)와 콜릿(collet)을 이용하여 설치한다.
② **밀링 바이스** : 일감을 고정시킬 때 사용하며, 종류로는 수평, 회전, 만능, 유압 바이스가 있다.
③ **분할대(indexing head)** : 테이블 위에 설치하여 스핀들에 장치한 척에 일감을 물려 분할할 때 사용한다.
④ **회전 테이블(rotary table)** : 가공물에 회전운동이 필요할 때 사용

[회전 테이블]

⑤ **슬로팅 장치(slotting attachment)** : 수평 및 만능 밀링 머신의 기둥면에 설치하여 주축의 회전운동을 공구대의 왕복운동으로 변환시키는 장치
⑥ **수직 축 장치(vertical milling attachment)** : 수평 및 만능 밀링 머신에서도 수직 밀링 가공을 할 수 있도록 기둥면에 설치하고 수평방향의 주축회전을 기어를 거쳐 수직 방향으로 전환시키는 장치
⑦ **래크 절삭장치(rack cutting attachment)** : 수평 또는 만능 밀링 M/C의 주축단에 장치하여 기어절삭을 하는 장치
⑧ **로터리 밀링 헤드 장치(rotary milling head attachment)** : 밀링 헤드 장치는 적당한 브래킷(bracket)으로 칼럼을 고정하고 주축의 오프셋(offset)을 가능하게 한 것으로 주축은 15° 정도 경사시킬 수 있다.

7-3 밀링 절삭

1. 밀링 절삭 방법

(1) 상향절삭(올려깎기)

밀링 커터의 회전방향과 공작물의 이송방향이 서로 반대일 때의 절삭

(2) 하향절삭(내려깎기)

밀링 커터의 회전방향과 공작물의 이송방향이 같을 때의 절삭

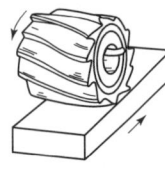
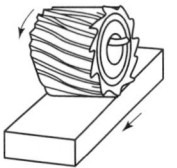

[하향절삭]　　　　[상향절삭]　　　　　　　[밀링 가공의 예]

(3) 상향절삭과 하향절삭의 장단점

	상향절삭	하향절삭
장점	① 칩이 날을 방해하지 않는다. ② 밀링 커터의 진행방향과 테이블의 이송방향이 반대이므로 이송기구의 백래시가 제거 ③ 기계에 무리를 주지 않는다.	① 커터가 공작물을 아래로 누르는 것과 같은 작용을 하므로 공작물 고정이 간단하다. ② 커터의 마모가 적고 또한 동력 소비가 적다. ③ 가공면이 깨끗하다.
단점	① 커터가 공작물을 올리는 작용을 하므로 공작물을 견고히 고정해야 한다. ② 커터의 수명이 짧다. ③ 동력의 낭비가 많다. ④ 가공면이 깨끗하지 못하다.	① 칩이 커터와 공작물 사이에 끼어 절삭을 방해한다. ② 떨림이 나타나 공작물과 커터를 손상시키며 백래시(back lash) 제거장치가 없으면 작업을 할 수 없다.

> **참고** 밀링머신에서 테이블의 뒤틈(back lash)제거장치는 테이블 이송나사에 설치한다.

2. 절삭속도 및 이송(feed)

(1) 절삭속도의 선정

① 커터의 수명을 길게 하기 위해서 절삭속도를 낮게 한다.
② 거친가공에는 저속과 큰 이송, 다듬질가공에는 고속과 저이송을 한다.
③ 커터의 날끝이 빨리 마찰손상될 때에는 절삭속도를 감소시킨다.

(2) 절삭속도 : v

$$v = \frac{\pi d n}{1000} [\text{m/min}]$$

여기서, d : 밀링 커터의 지름(mm)
　　　　n : 커터의 회전수(rpm)

(3) 1분간의 테이블 이송량 : f

$$f = f_z \cdot Z \cdot n = f_z \cdot Z \cdot \frac{1000v}{\pi d} [\text{mm/mim}]$$

여기서, f : 1분간의 이송량(mm/min)
Z : 커터날의 수
n : 커터의 회전수
f_z : 날 1개당 이송(mm/날)

(4) 절삭 동력

① 단위시간에 절삭되는 칩의 체적 : Q

$$Q = \frac{btf}{1000} [\text{cm}^3/\text{min}]$$

여기서, b : 칩의 폭(mm)
t : 칩의 두께(mm)
f : 매분 이송(mm/min)

② 정미 절삭 동력 : N_c

$$N_c = \frac{P_1 V}{75 \times 60} [\text{PS}] = \frac{P_1 V}{102 \times 60} [\text{kW}]$$

③ 이송(feed) 동력 : N_f

$$N_f = \frac{P_2 f}{75 \times 60} [\text{PS}] = \frac{P_2 f}{102 \times 60} [\text{kW}]$$

여기서, P_1 : 주절삭 분력(kg)
P_2 : 이송분력(kg)
V : 절삭속도(m/min)
f : 이송속도(m/min)

3. 더브테일 홈 계산

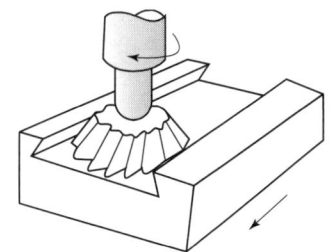

(1) 외측 더브테일 홈

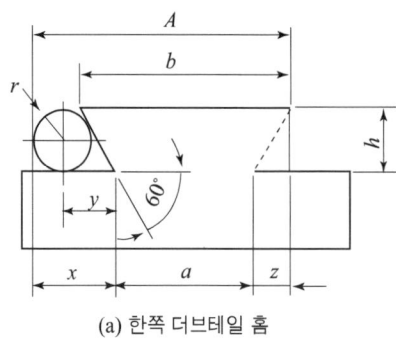
(a) 한쪽 더브테일 홈

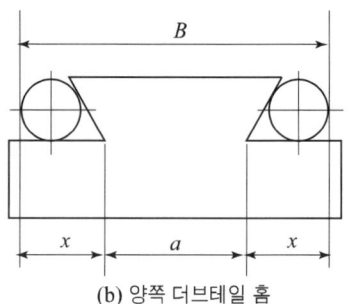
(b) 양쪽 더브테일 홈

① 한쪽 더브테일 홈

$a = b - 2$이고, $z = \dfrac{h}{\tan 60°}$이다.

이때, 측정 핀 1개를 사용하여 A를 계산하면 $A = b + x - z$가 되고, $x = \dfrac{r}{\tan 30°} + r$이 된다.

② 양쪽 더브테일 홈

측정 핀 2개를 사용하여 B를 계산하면 $B = a + 2x$가 되고, $x = \dfrac{r}{\tan 30°} + r$이다.

(2) 내측 더브테일 홈

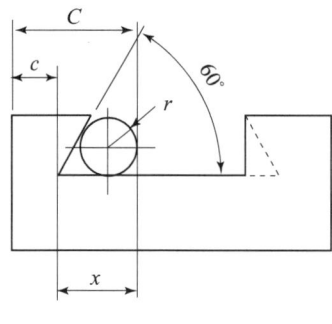
(a) 한쪽 더브테일 홈

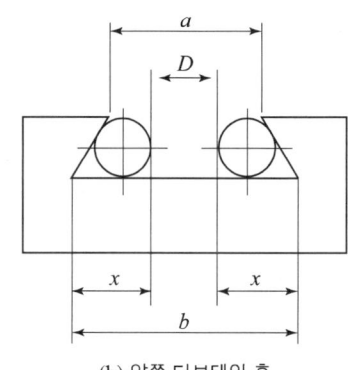
(b) 양쪽 더브테일 홈

① 한쪽 더브테일 홈

측정 핀 1개를 사용하여 C를 계산하면 $C = c + x$가 되고, $x = \dfrac{r}{\tan 30°} + r$이다.

② 양쪽 더브테일 홈

측정 핀 2개를 사용하여 D를 계산하면 $D = b - 2x$가 되고, $x = \dfrac{r}{\tan 30°} + r$이다.

이때, 더브테일 홈 치수 측정은 외측·내측·깊이 마이크로미터를 사용한다.

7-4 분할작업 및 헬리컬 가공

1. 분할작업

분할대는 밀링가공시 분할작업 및 각도 변위가 요구되는 작업에 이용된다.

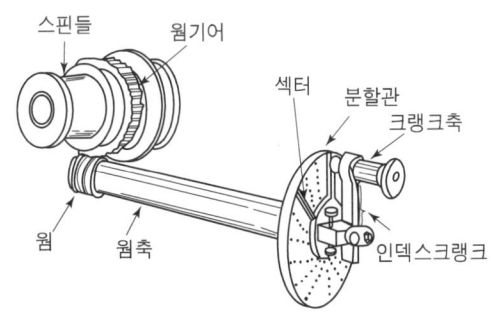

[분할대의 원리]

[만능분할대]

(1) 직접분할법(direct indexing)

척을 부착한 주축의 뒷면에 원주를 24등분한 분할판을 이용(2, 3, 4, 6, 8, 12, 24등분이 가능)

(2) 단식분할법(simple indexing)

분할 크랭크와 분할판을 이용하며, 분할 크랭크를 1회전 시키면 스핀들(주축)은 1/40회전한다.

① 브라운 샤프형과 신시내티형

$$n = \frac{40}{N} = \frac{x°}{9°} = \frac{h}{H}$$

여기서, n : 분할 크랭크의 회전수
N : 일감의 등분 분할수
H : 분할판의 구멍수
h : 핸들을 돌리는 구멍수

[직접분할대]

[브라운·샤프 분할판]

판번호	구멍수
제1판	15 16 17 18 19 20
제2판	21 23 27 29 31 33
제3판	37 39 41 43 47 49

② 밀워키형

$$n = \frac{5}{N} = \frac{h}{H}$$

(3) 차동분할법(만능분할법 : differential indexing)

변환기어 12개(24(2개), 28, 32, 40, 44, 48, 56, 64, 72, 86, 100)를 이용하여 1008 등분까지 분할할 수 있다.

$$i = \frac{(N' - N)40}{N'}$$

여기서, i : 변환기어의 차동비(기어비)
N' : N에 가까운 단식분할 수

2. 헬리컬 기어 가공

트위스트 드릴이나 헬리컬 기어 등을 가공할 때 사용한다.

$$\frac{a}{d} = \frac{L}{40P} \text{(2단 걸기)} \qquad \frac{a \times c}{b \times d} = \frac{L}{40P} \text{(4단 걸기)}$$

$$\therefore \tan\theta = \frac{\pi d}{L}$$

여기서, θ : 공작물의 비틀림각
d : 공작물의 지름
L : 공작물의 리드(mm)
P : 테이블 이송나사의 피치

3. 정면 밀링 커터의 공구각

① **절인각**(cutting edge angle) : 경사면과 여유면이 이루는 각.(각이 작으면 날이 약하다.)
② **경사각**(rake angle) : 밀링 커터의 중심선과 경사면이 이루는 각.(각이 클수록 절삭저항은 감소한다.)
③ **여유각**(clearance angle) : 날 끝에 적당한 각도를 주어 날끝의 배면(背面)이 공작물과 마찰되지 않도록 하기 위한 것이다.

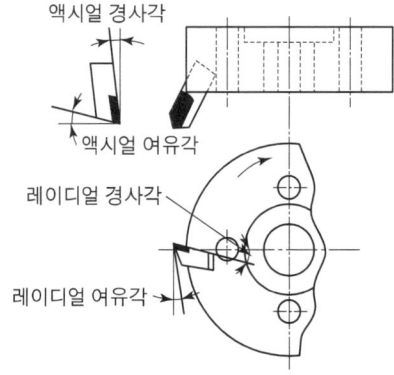

정면 밀링커터의 공구각

기·계·제·작·법

제08장
연 삭 기

8-1 연삭기의 종류
8-2 연삭숫돌
8-3 연삭조건

08 연삭기

연삭숫돌바퀴를 고속회전시켜 일감의 표면으로부터 미소한 칩을 깎아내는 고속절삭방법을 연삭가공이라 한다.

※ 연삭가공의 특징
① 경화된 강(鋼)과 같은 굳은 재료를 절삭할 수 있다.
② 칩이 작으므로 가공 표면이 매우 매끈하다.
③ 연삭 압력 및 저항은 작게 작용하며, 자석척(magnetic chuck)을 사용하여 공작물을 고정할 수 있다.

8-1 연삭기의 종류

1. 원통 연삭기(cylinderical grinding machine)

원통형 일감의 외면, 테이퍼 및 측면 등을 주로 연삭하는 기계이다.

(1) 원통 연삭기의 종류

① **테이블 왕복형** : 숫돌은 회전만 하고 공작물이 회전 및 왕복운동하며, 소형 공작물 연삭에 적당하다.
② **숫돌대 왕복형** : 공작물에는 회전운동만 시키고 숫돌대를 수평 이송시키는 방법으로 대형공작물 연삭에 사용된다.
③ **플런지 컷형**(plunge cut) : 숫돌을 테이블과 직각으로 이동시켜 연삭하는 형식(전체길이를 동시에 가공)
④ **만능 연삭기** : 보통 원통 연삭기와 비슷하지만 테이블, 숫돌대, 주축대가 각각 회전할 수 있기 때문에 작업의 범위가 넓다. 주로 테이퍼 및 내면 연삭에 쓰인다.

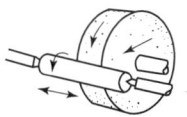   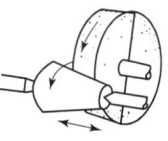

[테이블 왕복형] [숫돌대 왕복형] [플런지 컷형] [테이퍼 연삭]

[만능 연삭기]　　　　[평면 연삭기]　　　　[공구 연삭기]

2. 내면 연삭기(internal grinding machine)

내면 연삭기는 구멍의 내면인 곧은 구멍, 테이퍼 구멍, 막힌 구멍, 롤러 베어링의 레이스 궤도 홈 등을 연삭하는 기계이다.

3. 평면 연삭기(surface grinding machine)

평면 연삭에 사용하는 연삭기로 마그네틱척을 사용한다. 종류로는 수평형과 수직형 평면 연삭기가 있다.

[마그네틱척]

4. 센터리스 연삭기(centerless grinding machine)

센터나 척을 사용하지 않고 일감의 바깥원통을 연삭하는 기계이다. 조정 숫돌바퀴의 역할을 일감의 회전 및 이송을 한다.

(1) 장 점

① 연속작업을 할 수 있어 대량 생산에 적합하다.
② 긴축재료의 연삭이 가능하며, 중공의 원통연삭에 편리하다.
③ 연삭 여유가 작아도 된다.
④ 연삭 숫돌바퀴의 넓이가 크므로, 지름의 마멸이 작고 수명이 길다.
⑤ 일단 기계의 조정이 끝나면 가공이 쉽고, 작업자의 숙련이 필요 없다.

(2) 단 점

① 긴 홈이 있는 일감은 연삭할 수 없다.
② 대형 중량물은 연삭할 수 없다.
③ 연삭 숫돌바퀴의 나비보다 긴 일감은 전후 이송법으로 연삭할 수 없다.
④ 가공면의 단면이 진원이 되기 어렵다.

5. 만능공구 연삭기(universal tool & cutter grinding machine)

여러 가지 부속장치를 사용하여 밀링 커터, 호브, 리머 등 여러 종류의 연삭을 할 수 있는 연삭기로 정밀도가 높다.

6. 특수 연삭기

① 나사 연삭기　　② 성형 연삭기
③ 캠 연삭기　　　④ 기어 연삭기
⑤ 크랭크축 연삭기　⑥ 만능공구 연삭기

> **참고** 연삭작업방식
> ① 트레버스 컷(Yreverse cut) : 공작물 회전과 숫돌 이송을 동시에 좌우로 운동하여 연삭하는 방식
> ② 유성형(Planetary) : 공작물은 정지 숫돌축이 회전연삭운동과 동시에 공전운동을 하는 방식
> ③ 플랜지 컷(Plunged cut) : 숫돌을 축에 직각 절입시켜 공작물과 숫돌에 이송을 주지 않고 연삭하는 방식

8-2 연삭숫돌

1. 연삭숫돌바퀴의 3요소 및 5가지 인자(因子)

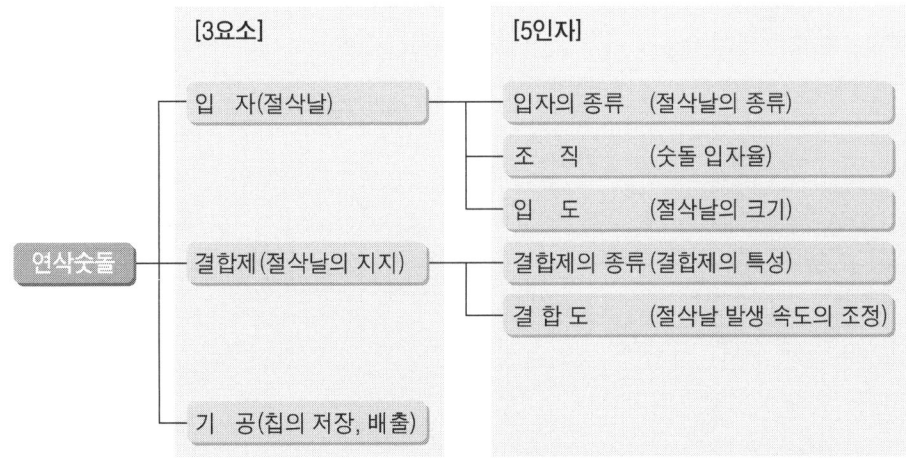

2. 연삭숫돌의 구성요소

[숫돌바퀴의 3구성요소]
① 숫돌입자 : 절삭공구의 날에 해당하는 입자
② 결합제 : 입자와 입자를 결합시키는 결합제
③ 기공 : 무딘입자가 쉽게 탈락하고 깎인 칩이 들어가는 기공

(1) 숫돌입자(粒子 ; abrasive grain)

숫돌입자는 숫돌바퀴의 날을 구성하는 부분으로 공작물보다 단단하고 인성이 적당히 있어야 한다.

① 인조입자
    ㉠ Al_2O_3(알루미나)계
       • A숫돌(갈색) : 일반강재, 중연삭
       • WA숫돌(백색) : 담금질강, 특수강 경연삭
    ㉡ SiC(탄화규소)계
       • C숫돌(흑색) : 주철, 구리, 경합금, 비철금속, 비금속 등
       • GC숫돌(녹색) : 초경합금, 특수강, 칠드주철, 유리 등
② 천연입자
    ㉠ 사암(砂岩), 석영
    ㉡ 에머리(emery), 50~60% Al_2O_3 결정체 + 산화철
    ㉢ 코런덤(corundum), 75~90% Al_2O_3 결정체 + 산화철

[연삭숫돌의 구성]

(2) 입도(粒度 ; grain size)

① **고운입도** : 경도가 높고 메진 일감, 다듬질 연삭 또는 공구의 연삭, 접촉면적이 작을 때
② **거친입도** : 연한 고연성, 점성이 있는 일감, 거친연삭, 접촉면적이 클 때

숫돌입자의 크기를 입도라 하고 이것을 메시(mesh) 번호로 표시(#30은 길이 1인치에 30개의 눈이다. 1인치^2 당 900개의 눈금을 가진 체의 크기와 같은 입자를 말한다.)

호칭구분	황 목	중 목	세 목	극세목
입 도	10, 12, 14, 16, 20, 24	30, 36, 46, 54, 60	70, 80, 90, 100, 120, 150, 180, 200	240, 280, 320, 400, 500, 600, 700, 800
용도별	거친연삭	다듬질연삭	경질연삭	광택내기

(3) 결합도(結合度 ; grade)

입자를 결합하고 있는 결합제의 세기를 결합도라 한다.

결합도 번호	E, F, G	H, I, J, K	L, M, N, O	P, Q, R, S	T, U, V, W, X, Y, Z
결합도 호칭	극연	연	중	경	극경

> **참고** 결합도에 따른 숫돌의 선택기준
> 결합도가 높은 숫돌(굳은 숫돌) : 연질재료연삭, 숫돌차의 원주속도가 느릴 때 연삭깊이가 얕을 때, 접촉면이 작을 때, 재료표면이 거칠 때

(4) 조직(組織 ; structure)

숫돌 내부의 입자 밀도

입자의 밀도	치밀(C)	중간(M)	거친(W)
조직번호	0, 1, 2, 3	4, 5, 6	7, 8, 9, 10, 11, 12

조직이 거친 연삭숫돌	조직이 치밀한 연삭숫돌
연결이고 연성이 높은 재료 거친 연삭 접촉면적이 클 때	굳고 메진 재료 다듬질 연삭, 총형 연삭 접촉면적이 작을 때

(5) 결합제(結合劑 ; bond)

결합제의 종류		기호	재 질	용 도
비트리파이드		V	점토와 장석	숫돌의 대부분을 차지하며, 거친연삭이나 정밀연삭에 사용 $v=1600\sim 2000m/min$
실리케이트		S	규산나트륨	대형 숫돌바퀴, 균열이 생기기 쉬운 재료연삭 및 연삭에 의한 발열을 피할 경우에 사용(절삭공구)
탄성숫돌	고 무	R	생고무와 인조고무	얇은 숫돌을 만들 수 있으나 열에 약하다. 절단용으로 사용
	레지노이드	B	합성수지	
	셀 락	E	천연셀락	
	비 닐	PVA	폴리비닐 알콜	
금 속		M	다이아몬드	초경합금, 보석류 연삭에 사용

3. 연삭숫돌바퀴 표시

연삭숫돌을 표시하는 방법은 구성요소를 기호로 나타내 일정순서로 나열한다.

WA	60	K	5	V	1호	A	300	×	25	×	100
↓	↓	↓	↓	↓	↓	↓	↓		↓		↓
입자	입도	결합도	조직	결합제	모양	연삭면모양	바깥지름		두께		구멍지름

4. 연삭숫돌작용과 수정

(1) 글레이징(날무딤 : glazing)

숫돌바퀴의 입자가 탈락이 되지 않고 마멸에 의하여 납작해지는 현상

① 원인
　㉠ 연삭숫돌의 결합도가 높다.
　㉡ 연삭숫돌의 원주속도가 너무 크다.
　㉢ 숫돌의 재료가 공작물의 재료에 부적합하다.
② 결과
　㉠ 연삭성이 불량하고 가공물이 발열하다.
　㉡ 연삭 소실(燒失)이 생긴다.

(2) 로우딩(눈메움 : loading)

숫돌입자의 표면이나 기공에 칩이 끼어 연삭성이 나빠지는 현상
① 원인
　㉠ 숫돌입자가 너무 잘다.
　㉡ 조직이 너무 치밀하다.
　㉢ 연삭 깊이가 깊다.
　㉣ 숫돌바퀴의 원주속도가 느리다.
② 결과
　㉠ 연삭성이 불량하고 다듬면이 거칠다.
　㉡ 다듬면에 상처가 생긴다.
　㉢ 숫돌입자가 마모되기 쉽다.

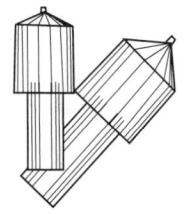

[다이아몬드 드레서]

(3) 드레싱(dressing)

눈메움 또는 무딤 발생시 숫돌 표면을 드레서라는 공구를 이용하여 숫돌 날을 생성시키는 작업

(4) 트루잉(모양고치기 ; truing)

숫돌의 연삭면을 숫돌과 축에 대하여 평행 또는 일정한 형태로 성형시키는 방법. 트루잉을 할 때는 다이아몬드 드레서, 프레스 롤러 또는 크러시 롤러를 쓴다.

(5) 자생작용(自生作用 ; self-shapending)

연삭시 숫돌의 마모된 입자가 탈락되고 새로운 입자가 나타나는 현상
(마멸 → 파괴 → 탈락 → 생성이 주기적으로 반복된다.)

> **참고** **연삭균열 방지법**
> ① 연한숫돌 사용　　　　　　② 이송을 크게 한다.
> ③ 절삭깊이를 작게 한다.　　④ 충분한 연삭액을 주어 발열 방지

8-3 연삭조건

1. 숫돌의 원주속도

(1) 원주속도

$$V = \frac{\pi DN}{1000}[\text{m/min}]$$

[적당한 연삭숫돌의 표준 원주속도]

연삭기의 종류	숫돌의 주속(m/min)
외경연삭기	1600~2000
내경연삭기	600~1800
평면연삭기	1200~1800
공구연삭기	1400~1800

2. 공작물의 원주속도

가공물의 원주속도는 그 재질에 따라 광범위하게 변하나, 대체로 6~48m/min의 사이에서 적용된다.

3. 연 삭 비

$$\text{연삭비} = \frac{\text{피연삭재의 연삭된 부피}}{\text{숫돌바퀴의 소모된 부피}}$$

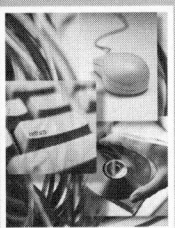

기·계·제·작·법

제09장

기타 범용공작기계

9-1 드릴링 머신(drilling machine)
9-2 보링 머신(boring machine)
9-3 플레이터, 셰이퍼, 슬로터
9-4 기어 가공
9-5 브로우칭 머신(broaching machine)

기·계·제·작·법

09 기타 범용공작기계

9-1 드릴링 머신(drilling machine)

주축에 드릴을 고정하여 회전시키면서 이송을 주어 일감에 구멍을 뚫는 공작기계

1. 드릴링 머신에 의한 가공

① **드릴링**(drilling) : 드릴로 구멍을 뚫는 작업
② **리밍**(reaming) : 드릴로 뚫은 구멍의 내면을 깨끗하고 정밀한 치수로 가공하기 위해 리머로 다듬는 작업
③ **태핑**(tapping) : 암나사 내는 작업
④ **보링**(boring) : 주조된 구멍이나 이미 뚫린 구멍을 정밀한 치수로 넓히는 작업
⑤ **스폿 페이싱**(spot facing) : 볼트, 너트 등이 닿는 부분을 깎아서 자리를 만드는 작업

[드릴링 가공 장면]

⑥ **카운터 보링**(counter boring) : 작은나사, 볼트의 머리부를 일감에 묻히게 하기 위해 단이 있는 구멍 뚫기 작업
⑦ **카운터 싱킹**(counter sinking) : 접시머리나사의 머리부를 묻히게 하기 위해 원뿔자리를 만드는 작업

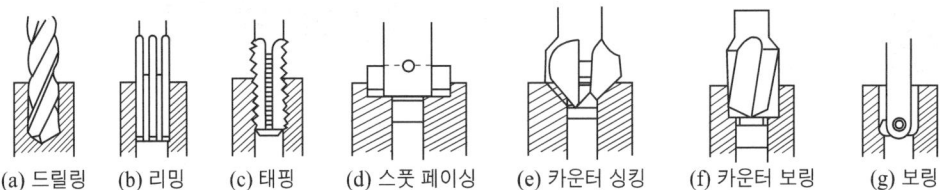

[드릴링 머신의 기본작업]

2. 드릴 머신의 종류

① **레이디얼 드릴링 머신**(만능 드릴링 머신 : radial drilling machine) : 기둥(컬럼)을 중심으로 360° 회전, 주축은 암을 따라 이동되며, 대형일감 가공에 편리하다.
② **다축 드릴링 머신**(multiple spindle drilling machine) : 다수의 구멍을 동시에 가공시 편리하다.
③ **심공 드릴링 머신** : 깊은 구멍 가공시 사용
④ **직립 드릴링 머신**(upright drilling machine) : 가장 널리 사용되는 것으로 주축이 수직으로 되어 있고 칼럼, 주축 헤드, 베이스, 테이블로 구성되어 있으며, 크기는 주축의 중심부터 컬럼 표면까지 거리의 2배이다.
⑤ **탁상 드릴링 머신**(bench type drilling machine) : 작업대 위에 설치하여 사용하는 소형 드릴링 머신으로 비교적 작은 공작물인 13mm 이하의 구멍을 뚫는데 편리하다.
⑥ **다두 드릴링 머신**(multi head drilling machine) : 다축 드릴링 머신의 형상이며 직선상에 2~10개의 스핀들을 갖는 기계이다. 제품의 대량 생산에 적합하다.

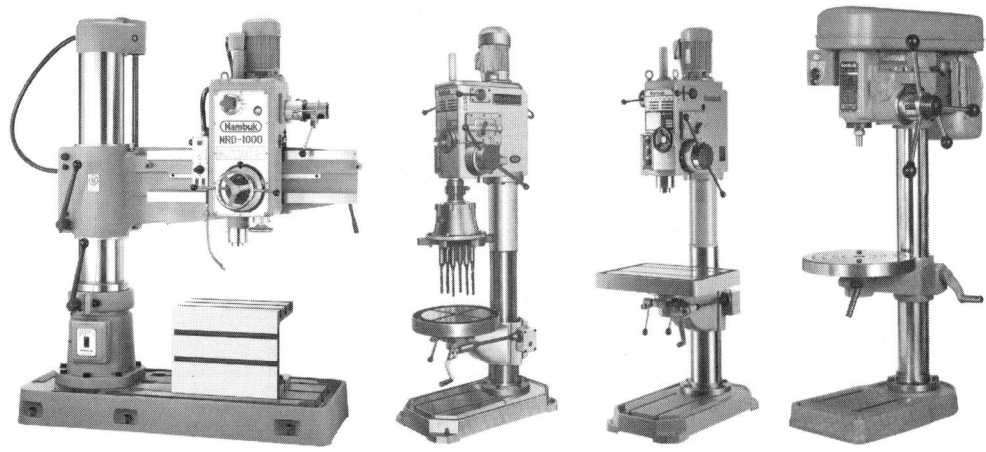

[레이디얼 드릴링 머신]   [다축 드릴링 머신]   [직립 드릴링 머신]   [탁상 드릴링 머신]

3. 절삭공구와 절삭조건

(1) 절삭공구

① **드릴의 종류**
  ㉠ 트위스트 드릴(twist drill) : 가장 널리 사용
  ㉡ 직선 홈 드릴(straight flute drill)
  ㉢ 플랫 드릴(flat drill : 평드릴)
  ㉣ 유공 드릴(oil tublar drill)
  ㉤ 반원 드릴(rifle barvel drill)
  ㉥ 센터 드릴(center drill)

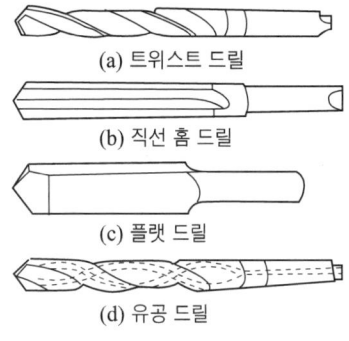

[드릴의 종류]

② **드릴의 재질** : 합금 공구강, 고속도강으로 만들며, 절삭날 부분만 초경합금을 심은 날도 있다.

③ **드릴의 구조**
  ㉠ 날끝부분은 원뿔이며, 비틀림 홈과 교차하는 그곳이 절삭날이 된다. 드릴의 표준 날 끝각은 118°이며, 여유각은 12~15°, 비틀림각은 20~32°이다.
  ㉡ 자루는 지름 13mm 이하는 곧은 자루이고 드릴척에 고정하여 사용되며, 지름 13~75mm까지의 드릴 자루는 모스 테이퍼로 되어 있고, 스핀들의 구멍에 삽입하여 사용한다.

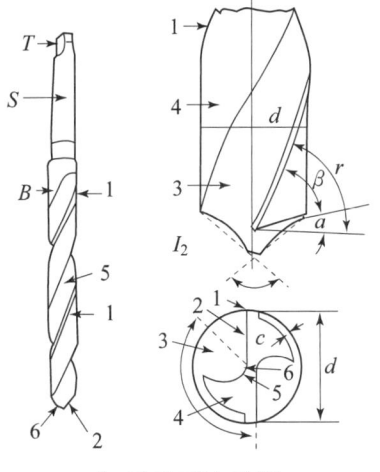

T : 탱(tang)	α : 여유각
S : 섕크(shank)	β : 공구각
B : 몸체(body)	γ : 비틀림각
1 : 랜드(land)	ζ : 절삭각
2 : 절삭날	ε : 웨브각
3 : 비틀림 홈	θ : 드릴 선단각
4 : 몸체의 반분	c : 몸체 여유
5 : 몸체의 중앙부	d : 드릴의 지름
6 : 웨브(web)	

[드릴의 각부 명칭]

(2) 절삭조건

드릴의 회전수와 이송속도는 드릴의 재질, 공작물의 재질, 절삭유의 사용 여부 등으로 정해진다.

① 드릴의 절삭속도

$$V = \frac{\pi d N}{1000} [\text{m/min}]$$

여기서, V : 절삭속도(m/min)
d : 드릴의 지름(mm)
N : 드릴의 회전수(rpm)

② 절삭시간 : $T[\text{min}]$

$$T = \frac{t+h}{ns} = \frac{\pi d(t+h)}{1000\,Vs} [\text{min}]$$

여기서, S : 드릴이 1회전하는 동안에 이송거리(mm)
h : 드릴 끝 원뿔의 높이(mm)
t : 구멍의 깊이(mm)

4. 공작물 고정법

드릴 머신에 공작물을 고정하는데는 클램프, 바이스 및 지그 등을 사용한다. 공작물을 클램핑하는 데는 시간과 숙련이 필요하다. 그래서 신속하고 정확한 가공을 하고 대량 생산에 이용할 수 있도록 지그를 사용한다.

(1) 플레이트 지그(plate jig)

플랜지와 같은 평면에 많은 구멍을 뚫을 때 사용하는 판상 지그를 플레이트 지그라고 한다.

(2) 박스 지그(box jig)

복잡한 가공물에 구멍을 뚫을 때 사용하는 것으로 이것은 일면의 드릴링뿐만 아니라 이면(二面)도 할 수 있도록 외부를 안내하는 지그(jig)이다.

> **참고** **드릴 지그**
> 종류에는 고정부시, 삽입부시, 안내부시가 있으며, 드릴과 리머가공시 정확한 드릴링 위치를 신속히 결정할 때 사용한다.
>
> **드릴지그구성 3요소**
> 위치결정, 체결, 공구의 안내

5. 치공구의 기능과 종류

(1) 치공구

치공구는 복제 부품(duplicated parts)을 정밀하고 호환성 있게 가공하는데 사용되는 생산용 특수공구이다. 치공구로서 사용되는 지그와 고정구는 공작물의 가공을 정확히 수행할

뿐만 아니라, 기타 조립, 검사, 용접 등의 작업을 능률적이고 고정적으로 수행하기 위한 특수공구이다.

(2) 치공구의 기능

① 생산제품의 정도가 향상되고 호환성이 있다.
② 절삭가공에 있어서 금긋기작업이나 위치결정 등의 조절작업을 없앨 수 있다.
③ 제품의 검사 시간 및 방법이 간단하다.
④ 미숙련자나 여자 기능인도 작업이 가능하다.
⑤ 제품의 위치결정, 클램핑(clamping), 지지 등이 정확하므로 불량이 감소된다.
⑥ 제품의 대량 생산이 가능하고 생산비를 절약할 수 있어 생산 능률을 향상시킨다.

(3) 지그의 종류

① **템플릿 지그(template jig)** : 최소의 경비로 가장 단순하게 사용될 수 있는 지그
② **플레이트 지그(plate jig)** : 가장 단순하게 생산속도를 증가시킬 목적으로 만든 지그
③ **샌드위치 지그(sandwich jig)** : 상·하 플레이트를 이용하여 공작물을 고정
④ **앵글 플레이트 지그(angle plate jig)** : 공작물을 위치결정면에 직각으로 유지시키는데 사용
⑤ **리프 지그(leaf jig)** : 쉽게 조작이 용이하다.(장착 및 장탈)
⑥ **박스 지그(box jig)** : 공작물을 재위치 결정시키지 않고도 모든 면을 완성
　　[종류] 개방형, 밀폐형, 조립형
⑦ **채널 지그(channel jig)** : 공작물의 두면에 지그를 설치하여 단순한 가공을 할 때 사용
⑧ **분할 지그(indexing jig)** : 부품 주위에 정확한 간격으로 구멍을 뚫을 때
⑨ **트러니언 지그(trunnion jig)** : 대형공작물이나 불규칙한 형상의 공작물 가공시
⑩ **펌프 지그(pump jig)**
⑪ **멀티스테이션 지그(multistation jig)**

(4) 고정구의 종류

① **플레이트 고정구(plate fixture)** : 적용이 넓고 가장 간단한 형태
② **앵글 프레이트 고정구(angle plate fixture)** : 공작물을 위치결정구와 직각이 되도록 사용
③ **바이스 조 고정구(vise-jaw fixture)** : 소형공작물 가공에 적합
④ **분할 고정구(indexing fixture)** : 일정간격으로 기계가공할 공작물에 적합
⑤ **멀티스테이션 고정구(multisation fixture)** : 가공 cycle이 계속되어야 할 경우
⑥ **총형 고정구(profiling fixture)**

9-2 보링 머신(boring machine)

주조할 대 뚫린 구멍이나 드릴로 뚫은 구멍을 깎아서 크게 하거나, 정밀도를 높게 하기 위한 가공이다. 가공의 종류로는 보링이나 면깎기 외에 구멍뚫기, 엔드밀, 바깥지름, 수나사, 암나사 깎기 등을 할 수 있다.

1. 보링 머신의 종류

(1) 수평 보링 머신(horizontal boring machine)

대표적인 보링 M/C이며 주축대가 기둥 위를 상하고 이동하고 주축이 동시에 축방향으로 움직인다. 크기는 테이블의 크기, 주축의 이동거리 및 주축의 지름으로 표시한다.

종류로는 테이블형, 플로어형(floor type), 플레이너형(planner type) 등이 있다.

[수평식 보링머신]

(2) 정밀 보링 머신(fine boring machine)

고속 경절삭으로 정밀한 보링을 하는 기계로서 가공한 구멍의 진원도, 진직도가 매우 높다.

(3) 지그 보링 머신(jig boring machine)

매우 정밀도가 높은 기계로 나사식 보정장치, 현미경을 이용한 광학 장치 등을 가지고 있으며, 주로 공구나 지그 가공을 목적으로 $2 \sim 10 \mu m$의 정밀한 구멍을 가공할 수 있다.

2. 보링 공구

(1) 보링 바이트

선반용 바이트와 거의 같은 구조이며, 재질은 고속도강, 초경합금 등이 쓰인다.

(2) 보링 바(boring bar)

보링 바이트를 장치하는 봉으로 직접 보링 바에 보링 바이트를 나사로 고정하여 사용한다.

[보링 바]

(3) 보링 헤드(boring head)

2개 이상의 바이트를 고정하며 큰 구멍 가공시에 사용한다.

9-3 플레이너, 셰이퍼, 슬로터

셰이퍼, 플레이너는 평면 가공용 기계이다. 셰이퍼는 작은 평면 가공용이고 플레이너는 큰 평면을 절삭하는 기계이며, 슬로터는 수직 셰이퍼라고도 하는데, 주로 구멍의 내면 가공에 사용한다. 이 세 가지의 기계에는 절삭 능률을 높이기 위한 급속 귀한 장치가 되어 있으며, 특징은 다음 표와 같다.

[플레이너, 셰이퍼, 슬로터의 특징]

특징 \ 종류	플레이너	셰이퍼	슬로터
기계명	평삭기	형삭기	수직 셰이퍼
급속 귀환 장치	벨트 및 유압	크랭크 기어와 암	크랭크 기어와 암
바이트의 운동	이송(상하, 좌우)	직선 왕복운동	상하 왕복운동
공작물(테이블)	직선 왕복운동	이송(좌우)	이송(전후, 좌우) 또는 회전운동
크기	테이블의 최대 행정	램의 최대 행정	램의 최대 행정, 원형 테이블의 지름
가공물	큰일감 가공	평면, 측면, 홈 더브 테일 가공	구멍의 내면, 키홈, 내접기어, 스플라인 구멍

1. 플레이너(planer)

(1) 플레이너의 종류

① 쌍주형 플레이너(double housing planer) : 컬럼 2개, 견고하고 폭에 제한을 받는다.
② 단주형 플레이너(open side planer) : 컬럼 1개, 재료의 폭에 제한이 없다.
③ 피트 플레이너(pit-type planer) : 문형(門形) 컬럼이 이동하는 것.
④ 에지 플레이너(edge planer) : 판금에서의 귀부분을 깎아내서 다듬질하는 기계

[단주식 플레이너]

[쌍주식 플레이너]

(2) 플레이너의 구조

① 베드와 테이블
② 공구대(tool head)
③ 테이블의 구동장치

(3) 플레이너의 절삭속도 및 가공시간

① 절삭속도

$$V_m = \frac{2L}{t} = \frac{2Vs}{1+\frac{1}{n}} \text{[m/min]} \quad \text{여기서, } t = \frac{L}{V_s} + \frac{L}{V_r}, \; n = \frac{V_r}{V_s}$$

여기서, V_m : 평균속도(m/min)
L : 행정(m)
V_s : 절삭속도(m/min)
V_r : 귀환속도(m/min)
t : 1회 왕복시간(m/min)
n : 속도비 = $\frac{V_r}{V_s}$ (보통 3~4)

② 가공시간

$$T = \frac{2bL}{\eta S V_m}[\min]$$

여기서, T : 가공시간(min)
b : 일감의 폭(m)
L : 행정(m)
η : 절삭효율
S : 이송(m/stroke)
V_m : 평균속도(m/min)

2. 셰이퍼의 절삭속도 : $V[\text{m/min}]$

$$V = \frac{LN}{1000k}[\text{m/min}]$$

여기서, N : 램(바이트)의 1분간의 왕복 횟수(stroke/min)
L : 행정의 길이(mm)
k : 급속귀환비 $\left(k = \frac{3}{5} \sim \frac{2}{3}\right)$

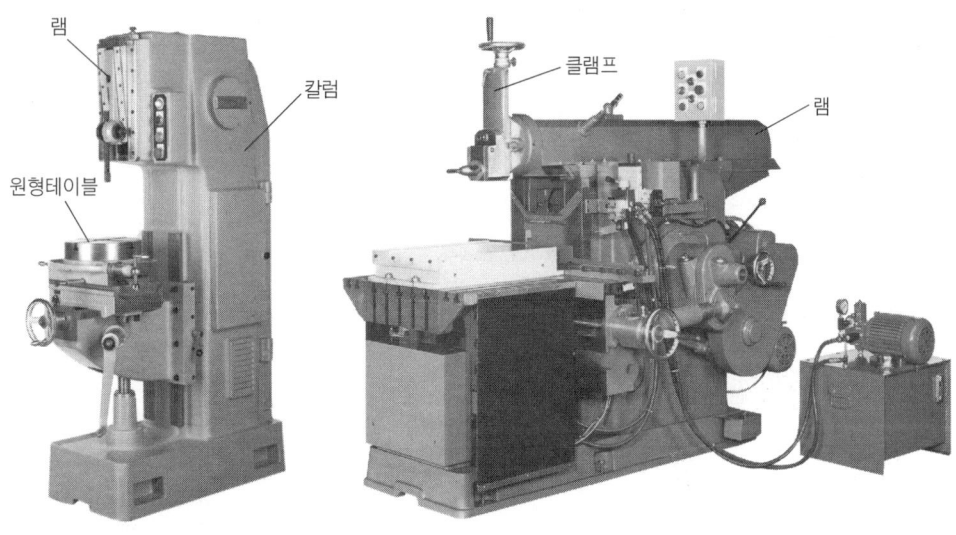

[슬로터의 구조]   [셰이퍼의 구조]

9-4 기어 가공

1. 기어 절삭법

(1) 형판에 의한 법(모방 절삭법)

(2) 총형 공구에 의한 절삭법(밀링 커터)

(3) 창성법

가장 널리 사용되며 인벌류트 곡선을 그리는 성질을 응용하여 기어를 깎는 방법
① **호브에 의한 방법** : 호빙 머신
② **래크 커터에 의한 방법** : 마그식 기어 셰이퍼
③ **피니언 커터에 의한 방법** : 펠로우즈식 기어 셰이퍼, 주로 내접기어 가공

(4) 전조에 의한 방법

소형 기어 가공에 사용

2. 호빙 머신

나사모양인 호브를 돌리며 기어소재에 대응하는 회전이송을 기어소재에 주어 창성법으로 기어의 이를 절삭하는 기어절삭용 전용 공작기계이다.

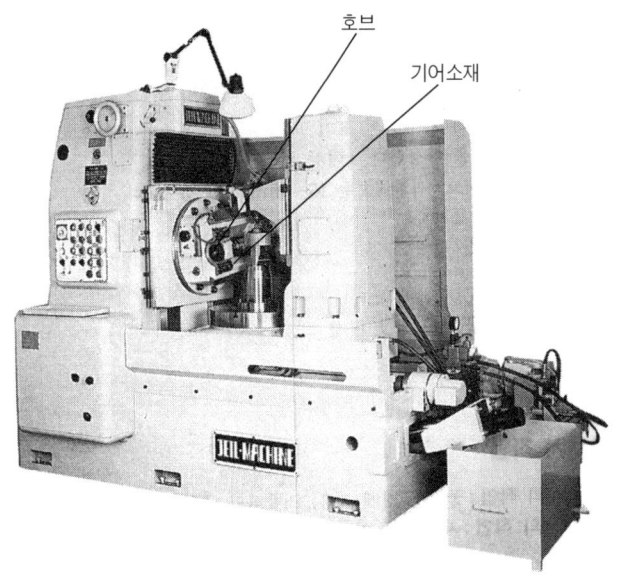

[호빙 M/C]

[기어 치절 장면]

① 스퍼 기어, 헬리컬 기어, 웜휠(반지름 방향 이송), 스플라인축 등을 가공할 수 있다.
② 호빙 머신의 종류 ┌ ㉠ 수직형 : 대형 기어
　　　　　　　　　└ ㉡ 수평형 : 작은 기어
③ 크기 : 가공할 수 있는 기어는 최대 피치원의 지름과 기어 폭 및 최대 모듈로 표시한다.
④ 호브 : 래크를 나선 모양으로 감고, 스파이럴에 직각이 되도록 축방향으로 여러 개의 홈을 파서 절삭날을 형성하게 한 것이다.
⑤ 절삭한 기어의 정밀도 : 호브의 정밀도에 따라 좌우
⑥ 절삭한 피치의 정밀도 : 웜 및 웜 기어의 정밀도에 따라 좌우

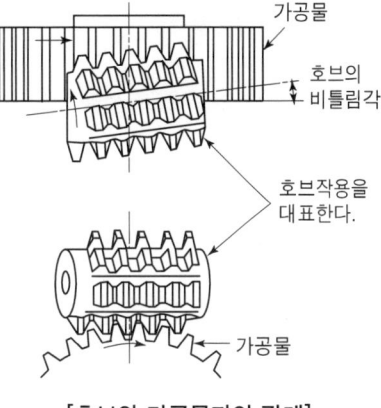

[호브와 가공물과의 관계]

> **참고** 호빙머신의 차동장치는 헬리컬 기어를 절삭가공 할 때 사용된다.

3. 베벨기어 가공

① **직선 베벨기어 절삭기** : 글리슨식 직선 베벨기어 절삭기가 대표적이다.
② **스파이럴 베벨기어 절삭기** : 글리슨식 스파이럴 베벨기어 절삭기가 대표적이다.

4. 기어 셰이빙

기어절삭기로 가공된 기어의 면을 매끄럽고 정밀하게 다듬질하기 위해 높은 정밀도로 깎여진 잇면에 가는 홈붙이날을 가진 커터로 다듬는 가공을 말한다.

9-5 브로우칭 머신(broaching machine)

브로우치라는 공구를 사용하여 일감의 표면 또는 내면을 필요한 모양으로 절삭가공하는 가공법으로 1회 통과시켜 제품을 완성한다.(대량 생산시 사용) 절삭속도는 5~20m/min이고, 귀환속도는 15~40m/min 정도이다. 크기는 최대 인장력과 브로우치의 최대 행정 길이로 표시한다.

1. 브로우치의 분류

(1) broach의 구동력 전달방식에 따라

① 나사식 broaching machine
② 래크식 broaching machine
③ 유압식 broaching machine

(2) broach의 절삭방향에 따라

① 인발식(引拔式) broaching machine
② 압입식(押入式) broaching machine
③ 연속식(連續式) broaching machine

2. 브로우치의 구조

① 자루부
② 절삭부 : 거친날, 중간날, 다듬날로 구성
③ 평행부
④ 후단부

[수직형 브로우칭 머신]

3. 브로우치 작업

(1) 내면 브로우치의 작업

둥근 구멍에 키홈, 스플라인 구멍, 다각형 구멍 등을 내는 작업

(2) 외면 브로우치의 작업

세그먼트 기어의 치형이나 홈, 특수한 모양의 면을 가공하는 작업

4. 브로우치의 피치와 날수

피치는 공작물의 길이에 따라 결정된다.

$$P = k\sqrt{L}$$

여기서, P : 피치(mm)
L : 절삭부 길이(mm)
k : 정수 1.5~2(피삭재의 재질에 따르는 값)

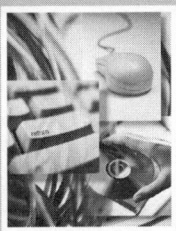

기·계·제·작·법

제10장
정밀입자 및 특수가공

10-1 정밀입자 가공
10-2 특수 가공

기·계·제·작·법

제10장 정밀입자 및 특수가공

10-1 정밀입자 가공

1. 호닝(honing)

호닝은 원통 내면의 정밀 다듬질의 일종이고 보링 또는 연삭기 등으로 내면 연삭한 것을 능률이 좋게 진원도, 진직도 및 표면 조도를 향상시키기 위한 것으로 막대모양의 가는 입자의 숫돌을 방사상으로 배치한 혼(hone)으로 다듬는 방법을 말한다. 혼(hone)은 회전 및 직선왕복운동을 한다.

> **참고** **연삭입자**
> ① WA : 강, 주강 ② GC : 주철, 비금속
> ③ 다이아몬드 : 주철, 초경합금 ④ CBN : 고경도의 경화강

(1) 호닝 조건

① 치수 정도는 3~10μm 정도이며 표면거칠기는 1~4μm이다.
② 호닝의 원주속도 : 재질에 따라 다르나 15~60m/min 정도, 왕복운동 속도는 원주속도의 1/2~1/5로 한다.
③ 호닝유는 등유나 경유에 라드(lard)유를 혼합한다.
④ 비트리파이드 결합제에서 거친 호닝의 경우는 10kg/cm² 이상, 다음 호닝은 4~6kg/cm² 정도이고, 레지노이드 결합제는 1/10 정도로 한다.
⑤ 호닝 다듬정도와 입도 : 거친 호닝(80~120번), 보통 호닝(220~280번), 다듬호닝(400~500번)

(2) 액체 호닝(liquid honing)

피로한도와 크리프를 증가시키며 연마제(SiO_2[#100~5000])를 가공액과 혼합한 다음, 압축 공기와 함께 노즐로 고속 분사시켜 미려한 다듬면을 얻는 가공방법으로 가공 시간을 짧게 할 수 있다. 광택은 적으나, 공작물 표면의 산화막이나 버(burr : 거스러미)제거 및 피닝 효과가 있고, 복잡한 모양의 일감도 다듬질이 가능하다.

예를들면, 베어링 접촉면의 내마모성 증가, 연결볼트의 인장피로한계 상승 및 절삭공구의 수명이 증가한다.

> **참고** 액체 호닝의 조건
> 연마제의 농도, 공기압력, 분사시간, 노즐과 일감의 거리, 분사각 등에 따라 가공면이 다르며, 압력이 높을수록 가공능률이 좋다.
> ① 공기압력 : 3.5~7.0kg/cm^2
> ② 연마제와 가공액의 혼합비 : 용적의 1 : 2 정도
> ③ 분사노즐과 일감 사이의 거리 : 60~80mm 정도
> ④ 분사각 : 철강의 경우 40~50° 정도

2. 슈퍼 피니싱(super finishing)

입도가 작고 연한 숫돌을 작은 압력으로 가공물의 표면에 가압하면서 가공물에 피드를 주고, 또 숫돌을 진동(진폭 : 1.5mm, 진동수 : 500사이클, 진폭 : 5mm, 진동수 : 100 정도)시키면서 가공물을 완성 가공하는 방법으로 변질층 표면깎기, 원통외면, 내면, 평면을 다듬질할 수 있다.

예를들면, 중요한 축의 베어링, 접촉부, 각종 게이지, 각종 롤러, 초정밀가공

(1) 슈퍼 피니싱 가공의 조건 및 특징

① 표면 정밀도는 0.1~0.3μm이고, 압력 0.2~1.5kg/cm^{2}이다.
② 표면의 변질층을 금속 표면에서 제거한다.
③ 짧은 시간(30초~2분)에 가공이 완료되며, 방향성이 없는 다듬질면을 얻을 수 있다.

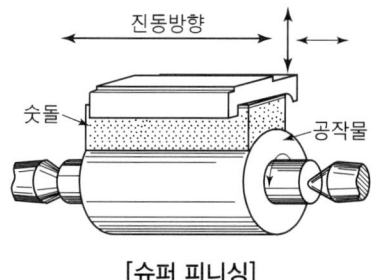

[슈퍼 피니싱]

> **참고** 숫돌압력
> - 가공물의 경도, 결합도, 운동조건, 전(前) 가공의 거칠기, 가공시간에 따라 선택
> - 제1단가공 : 1.0~2.0kg/cm² 정도
> - 제2단가공 ┌ 거친가공 : 2.0~5.0kg/cm²
>   └ 다듬질가공 : 0.5~1.5kg/cm²
> - 숫돌과 가공물의 접촉면적은 1cm²에 대해 0.5l/min 이상이 좋다.

3. 래핑(lapping)

랩이라고 하는 공구와 다듬질할 일감 사이에 랩제를 넣고 일감을 누르며 상대 운동을 시킴으로써 매끈한 다듬질을 얻는 가공방법을 말한다.

[장점] ① 가공면이 곱다.　　② 정밀도가 높다.
　　　③ 대량 생산 가능하다.　④ 비용이 저렴하다.
　　　⑤ 내식성, 내마멸성이 우수하다.

(1) 종 류

① **습식법(거친 래핑)** : 석유, 경유 등의 광유나 물, 올리브유 등에 랩제와 혼합해서 사용
② **건식법(정밀 래핑)** : 랩제만 사용하며, 다듬질량은 습식의 1/10 정도이다.(블록게이지 가공)

(2) 랩제의 종류 및 용도

① **탄화규소(SiC) 및 산화철** : 연한금속, 유리, 수정
② **알루미나(Al_2O_3)** : 강
③ **산화크롬** : 마무리 다듬질
④ 그밖에 다이아몬드, WC(텅스텐 카바이드), 탄화붕소 등이 있다.

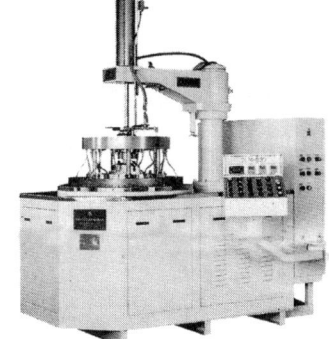

[양면 래핑 머신]

(3) 랩 재료

가공물의 경도보다 재질이 연한 것을 사용하고 보통 주철이 많이 사용되며, 동합금, 납, 연강 등이 사용되기도 한다.

(4) 래핑유

래핑유는 래핑 입자와 섞어서 사용하는 것으로, 주철랩으로 경화강을 래핑할 때는 석유와 기계유를 혼합한 것이 많이 사용되고 유리, 수정 등에는 물이 사용된다.

(5) 치수 정밀도

치수 정밀도는 0.0125~0.025μm이다. 래핑다듬질 여유는 0.01~0.02mm 정도

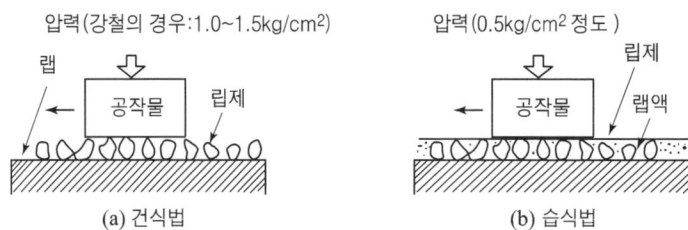

[랩제의 절삭작용]

[슈퍼 피니싱, 래핑의 비교표]

종 류	용 도	사용공구	사용압력 (kg/cm^2)	운동상태	가공 후의 정도(μm)
호닝(honing)	구멍의 내면, 외면 및 평면 다듬질	호운(숫돌)	4~30	회전 및 직선 왕복 운동	3~10
슈퍼 피니싱 (super finishing)	원통의 외면과 평면 및 내연기관 등의 부속품	숫돌	0.1~5.0	직선, 왕복, 진동 운동	0.1~0.3
래핑(lapping)	각종 게이지, 렌즈, 프리즘 등의 정밀다듬질	랩과 랩제 (연삭제)	1.5	미끄럼 운동	0.0125~0.025

10-2 특수 가공

1. 방전 가공(electric discharge machining)

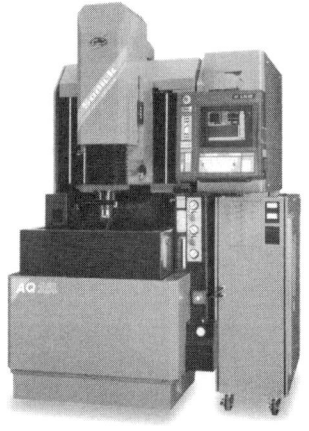

[방전 가공기]

[방전 헤드]

일감을 가공액이 들어 있는 탱크 속에 가공할 형상의 전극과 일감 사이에 전압을 주면서 가까운 거리로 접근시키면, 아크(Arc) 방전에 의한 열작용과 가공액의 기화폭발작용으로 일감을 미소량씩 용해하여 용융 소모시켜 가공용 전극의 형상에 따라 가공하는 방법이다.

(1) 전극재료

흑연, 텅스텐, 구리 합금(공작물 : +, 공구 : −)
[전극재료의 조건] ① 방전이 안전하고 가공속도가 클 것
② 가공 정밀도가 높을 것
③ 기계가공이 쉬울 것
④ 가공전극의 소모가 작을 것
⑤ 구하기 쉽고 값이 저렴할 것

(2) 가공재료

경질합금, 담금질된 고속도강, 내열강, 스테인리스, 다이아몬드, 수정 등 각종 재질의 절단, 천공(구멍뚫기), 연마에 이용된다.
열영향이 적으므로 가공변질층이 얇고, 내마멸성, 내부식성이 높은 표면을 얻는다.

(3) 가공액

백등유, 경유, 스핀들유, 물 비눗물 등의 절연물을 사용하며, 전류는 펄스상 전류가 주체가 된다.

(4) 방전의 진행과정

암류 ➡ 코로나 ➡ 불꽃 ➡ 글로 ➡ 아크

2. 초음파 가공(ultrasonic machining)

물이나 경유 등에 연삭 입자를 혼합한 가공액을 공구의 진동면과 일감 사이에 주입시켜 가면서 16~30kHz/sec의 초음파에 의한 상하 진동으로 표면을 다듬는 가공방법

(1) 가공법

메짐이 큰 재료에 사용되며 초경합금, 보석류, 유리 등의 구멍 뚫기, 절단, 평면 가공, 표면가공 등을 한다.

(2) 공구(혼)의 재료

황동, 연강, 공구강, 모넬 메탈, 피아노선재 등

(3) 연삭 입자의 재질

알루미나, 탄화규소, 탄화붕소 등

3. 전해 연마(electrolytic polishing)

전기 화학적인 방법으로 표면을 다듬질하는 방법을 전해연마라고 한다. 일감을 양극으로 하고 전해액 속에 달아매면 일감의 전기분해에 의해 깨끗하고 아름답게 된다.
① 가공물인 양극의 금속이 용해되어 전해연마되고 피연마재료는 석출되어 음극으로 전기도금이 된다. 복잡한 형상의 연마가 가능하고 내마멸성 및 내부식성이 좋다.
② 치수정밀도보다 표면에 광택이 있는 거울면이 중요시될 때 사용된다.
③ 드릴의 홈, 주사침, 반사경 등이 있는 거울면을 얻을 수 있다.
④ 연질 금속, 알루미늄, 구리 제품류, 탄소강, 스테인리스강, 텅스텐 등 다양한 금속을 용이하게 연마한다.
⑤ 전해액 : 과염소산($HClO_4$), 황산(H_2SO_4), 인산(H_3PO_4), 질산, 청화알카리, 불산 등

4. 버니싱(burnishing) 다듬질

필요한 형상을 한 공구를 공작물의 표면을 누르며 이동시켜 표면에 소성변형을 이르키게 하여 매끈하고 정도가 높은 면을 얻는 가공법으로 주로 구멍 내면의 다듬질에 사용된다.(구리, Al 및 그 합금과 같은 비철금속에만 사용)

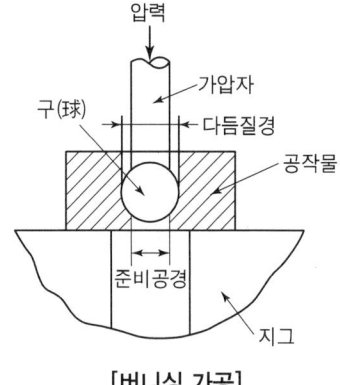

[버니싱 가공]

5. 롤러 다듬질

회전하는 원통형의 일감에 롤러를 눌러 표면을 매끈하게 하는 동시에 표면경화시키는 가공법이다.

6. 버핑(buffing)

포목이나 가죽으로 된 버프(buff)를 회전시키며 연삭제를 버프와 공작물 사이에 넣는 공작물 표면의 녹을 제거하거나 광내기에 사용하는 방법이다.(치수정밀도와 무관하며 광택내기가 주목적이다.)

> **참고** **폴리싱(polishing)**
> 폴리싱이라 함은 목재, 피혁, 캔버스, 직물 등 탄성이 있는 재료로 된 바퀴 표면에 부착시킨 미세한 연삭입자로서 연삭작용을 하게 하여 공작물 표면을 버필하기 전에 다듬는 방법

7. 배럴(barrel) 다듬질(텀블링)

회전하는 상자에 공작물과 숫돌 입자, 공작액, 콤파운드 등을 함께 넣어 공작물이 입자와 충돌하는 동안에 그 표면이 요철을 제거하며, 매끈한 가공면을 얻는 방법. 이때 공작물을 넣고 회전하는 상자를 배럴이라고 한다.(종류는 회전형과 진동형이 있다.)

(1) 미디어
형석, 나무 부스러기, 가죽 부스러기 등

(2) 콤파운드
스케일의 제거, 녹떨기, 변색의 방지, 광택내기에 사용

(3) 공작액
물, 경유, 글리세린, 유화액 등

[배럴 연마]

8. 숏 피닝(shot peening)

숏이라고 하는 금속제 입자를 고속으로 가공물의 표면에 분사시켜 금속 표면의 강도와 경도를 증가시켜 주는 방법이며, 주로 스프링, 차축 등의 피로한도, 탄성한도를 높인다.

(1) 가공조건
숏 피닝에서 중요한 문제는 분사속도, 분사각도 및 분사면적이다.

(2) 숏(shot)
숏에는 칠드주철숏, 가단주철숏, 주철숏, 컷와이어숏(cut wire shot)

기·계·제·작·법

11

제11장

NC 공작기계

11-1 CNC 기초
11-2 프로그래밍의 기초

NC 공작기계

11-1 CNC 기초

1. NC의 개요

"NC는 'Numerical Control(수치제어)'"의 약호로 '부호와 수치로써 구성된 수치 정보로 기계의 운전을 자동제어한다.'는 것을 말한다. 즉, 사람이 알아보도록 작성된 설계 나 도면을 기계가 이해할 수 있는 고유의 언어로 정보화(파트 프로그램)하고, 이를 천공 테 이프 또는 플로피 디스크, USB 메모리 등을 이용하여 수치제어장치에 입력시켜 입력된 정 보대로 기계를 자동제어하는 것이다.

2. NC의 특징

① 복잡한 형상이라도 짧은 시간에 높은 정밀도로 가공할 수가 있다.
② 기능의 융통성과 가변성이 높아 다품종 중·소량 생산에 적합하다.
③ 생산공장에서 가공의 능률화와 자동화에 중요한 역할을 한다.
④ 비숙련자도 가공이 가능하고 한 사람이 여러 대의 기계를 다룰 수 있다.

3. NC의 종류

(1) NC 공작기계의 3가지 기본동작

① 위치 정하기 : 공구의 최종위치만 제어하는 것

② **직선절삭** : 공구가 이동중에 직선절삭을 하는 기능
③ **원호 절삭** : 공구가 이동중에 원호절삭을 하는 기능

4. NC 공작기계 발전의 4단계

(1) 제1단계

공작기계 1대에 NC 장치가 1대 붙어 있어 단순제어하는 단계(NC)

(2) 제2단계

1대의 공작기계가 몇 종류의 공구를 가지고 자동적으로 교환하면서(ATC 장치) 순차적으로 몇 종류의 가공을 행하는 기계 즉, machining center라고 불리우는 공작기계(CNC : NC 장치 내에 컴퓨터를 내장한 NC)

(3) 제3단계

1대의 컴퓨터로 몇 대의 공작기계를 자동적으로 제어하며 생산관리적 요소를 생략한 system으로 DNC(Direct Numerical Control)단계 또는 군관리 시스템이라고도 한다.

(4) 제4단계

여러 종류의 다른 공작기계를 제어함과 동시에 생산관리도 같은 컴퓨터로 행하게 하여 기계공장 전체를 자동화한 system으로 FMS(Flexible Manufacturing System)단계

5. CNC와 DNC의 장점

(1) CNC의 장점

① 공작 중에도 파트 프로그램 수정이 가능하며 단위를 자동변환할 수 있다.(inch/mm)
② NC에 비해 유연성이 높고, 계산능력도 훨씬 크다.
③ 가공에 자주 사용되는 파트 프로그램을 사용자가 매크로(macro) 형태로 짜서 컴퓨터의 기억장치에 저장해 두고, 필요할 때 항상 불러 쓸 수 있다.
④ 전체 생산 시스템의 CNC는 컴퓨터와 생산 공장과의 상호 연결이 쉽다.
⑤ 고장 발생시 자기 진단을 할 수 있으며, 고장 발생 시기와 상황을 파악할 수 있다.

(2) DNC의 장점

① 천공 테이프를 사용하지 않는다.
② 유연성과 높은 계산 능력을 가지고 있으며 가공이 어려운 금형과 같은 복잡한 일감도 쉽게 가공할 수 있다.

③ CNC 프로그램들을 컴퓨터 화일로 저장할 수 있다.
④ 공장에서 생산성에 관계되는 데이터를 수집하고, 일괄 처리할 수 있다.
⑤ 공장 자동화의 기반이 된다.

> **참고** DNC 시스템의 4가지 기본구성요소
> ① 중앙 컴퓨터   ② CNC 프로그램을 저장하는 기억장치
> ③ 통신선   ④ 공작기계

6. 서보 기구

(1) 서보 기구의 구성

① **정보처리회로** : 인간의 머리에 해당하는 부분
② **서보 기구** : 인간이 손과 발에 해당하는 부분으로 정보처리회로의 지령에 따라 공작기계의 테이블 등을 움직이는 역할을 한다.

(2) 서보 기구의 종류

- 기계를 직접 움직이는 구동 모터로써 우수한 특성을 지닌 DC 서보 모터가 널리 사용
- 서보 모터를 속도 검출기와 위치 검출기에 의해 각각 속도와 위치를 검출하고 그 정보를 제어회로에 피드백(feed back)하여 제어

① **개방회로방식(open loop system)**
   ㉠ 되먹임(feed back)이 없는 오픈 루프 방식
   ㉡ 간단하여 값이 저렴, 소형, 경량, 정밀도가 낮아 NC에서는 거의 쓰이지 않는다.

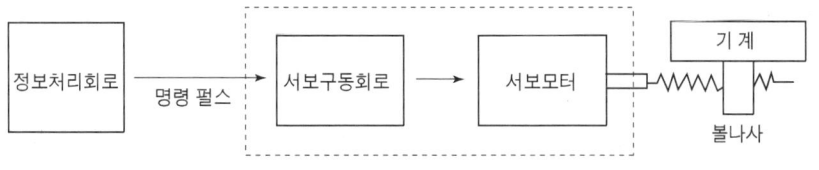

[개방회로 방식]

> **참고** 스테핑 모터(stepping moter & pulse moter)
> 1개의 펄스가 주어지면 일정한 각도가 회전하는 모터

② **폐쇄회로방식(closed loop system)**
   기계의 테이블 등에 직선자(linear scale)를 부착해 위치를 검출하여 되먹임하는 방식이다. 이 방식은 높은 정밀도를 요구하는 공작기계나 대형의 기계에 많이 이용된다.

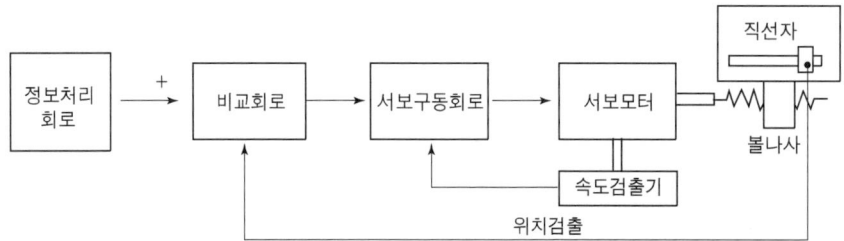

[폐쇄회로 방식]

③ **반폐쇄회로방식**(semi-closed loop system)

위치와 속도의 검출을 서보 모터의 축이나 볼 나사의 회전 각도로 검출하는 방식이다. 최근에는 고정밀도의 볼 나사 생산과 뒤틈 보정 및 피치 오차 보정이 가능하게 되어 대부분의 NC 공작기계에 이 방식이 사용된다.

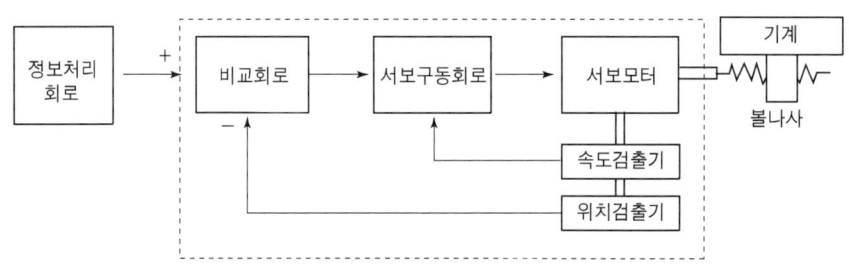

[반폐쇄회로 방식]

④ **하이브리드 서보 방식**(hybrid servo system)

반폐쇄회로방식과 폐쇄회로방식을 절충한 것으로 높은 정밀도가 요구되며, 공작기계의 중량이 커서 기계의 강성을 높이기 어려운 경우와 안정된 제어가 어려운 경우에 많이 이용된다.

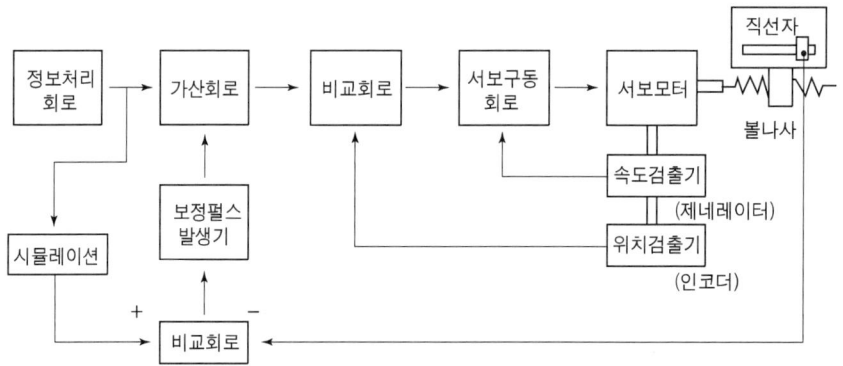

[하이브리드 서보 방식]

> **참고** CNC장치의 정보 흐름
> NC명령 → 제어장치 → 서보기구 → NC가공

11-2 프로그래밍의 기초

1. 좌표축 및 NC테이프 코드

(1) 오른손 좌표계

① NC 가공을 위하여 프로그래밍할 때 사용
② 공작기계의 표준 좌표계
③ 공작물에 대하여 공구가 움직이는 것이 기본이다.
④ 주축의 방향을 Z축, 나머지를 X, Y축으로 한다.

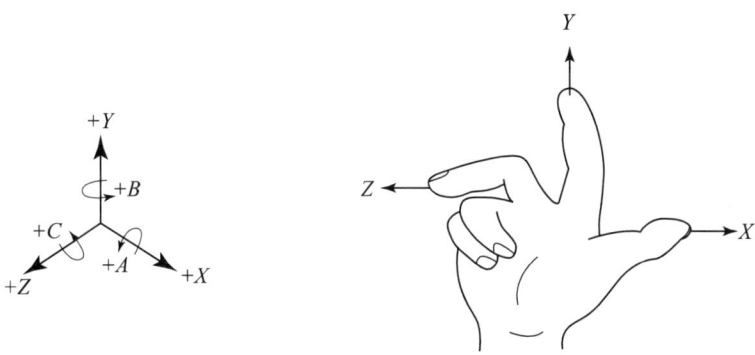

[오른손 직교좌표계]

(2) NC 테이프 코드

NC 테이프 코드는 EIA(Electronics Industries Association : 미국 전자 공업 협회)코드와 ISO(International Organization Standardization : 국제 표준 규격)코드의 2종류가 있다.

[테이프 코드의 종류]

코드 구분	EIA 코드	ISO 코드
채널의 합	홀수	짝수
패리티 채널	제5채널	제8채널

> **참고** **패리티 체크**
> 짝수와 홀수의 간단한 판독으로 기계의 동작을 정지시켜 큰 사고를 사전에 방지

2. 좌표계

CNC 기계에 사용되는 좌표계는 크게 세 종류가 있으며, 공구는 이들 중의 한 좌표계에서 지정된 위치로 이동하게 된다.

(1) 기계 좌표계(machine coordinate system)

기계의 기준점으로 기계 원점이라고도 하며, 기계 제작자가 파라메타에 의해 정하는 점이며, 사용자가 임의로 변경해서는 안 된다. 이 기준점은 공구대가 항상 일정한 위치로 복귀하는 고정점이며, 일감의 프로그램 원점과 거리를 알려 줄 때에 기준이 되는 점이다.

(2) 공작물 좌표계(work coordinate system)

도면을 보고 프로그램을 작성할 때에 절대 좌표계의 기준이 되는 점으로서, 프로그램 원점 또는 공작물 원점이라고도 한다.

(3) 상대 좌표계(relative coordinate system)

일감을 측정하거나 정확한 거리의 이동 또는 공구 보정을 할 때에 사용하며, 현 위치가 좌표계의 중심이 되고 필요에 따라 그 위치를 0점(기준점)으로 지정(steeing)할 수 있다.

3. 좌표계 설정

공구가 일감을 가공하기 위해서는 기계의 CNC 장치에 일감의 위치가 어디 있는지, 즉 기계원점과 공작물 원점과의 거리를 CNC 장치에 알려 주어야 한다. 이 작업을 좌표계 설정이라 하며, CNC 선반은 G50 X____ Z____로 밀링 머신이나 머시닝 센터는 G92 X____ Y____ Z____로 설정한다.

4. 프로그래밍

(1) 프로그램 작성 과정

① 먼저 도면을 보고 가공계획을 수립
② 가공계획에 따라 NC 프로그램을 작성
③ 데이터를 NC 공작기계에 입력
④ 시험 제작품 가공
⑤ 시제품 가공 후 수정을 거쳐 완제품 생산

(2) 지령절(block)

① 프로그램은 몇 개의 지령절(block)로 구성된다.
② 한 개의 지령절은 EOB(End of Block)로 끝난다.
③ EOB 기호는 편의상 " ; "로 표시한다.

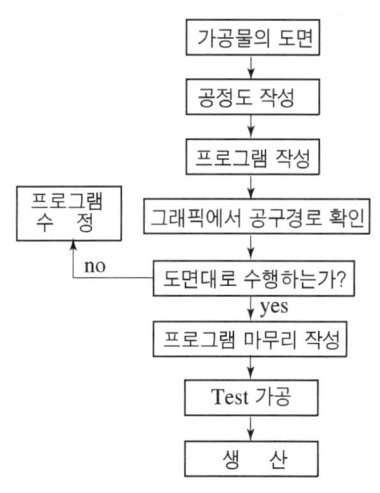

[프로그램 작성과정]

(3) 단어(word)

① 한 개의 지령절(block)은 몇 개의 단어로 구성
② 그 단어는 주소(address) 또는 수치(data)의 조합으로 구성

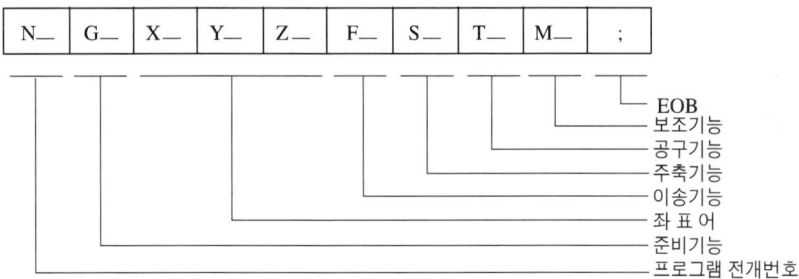

[명령문의 구성 순서]

(4) 주소(address)

① 영문 대문자(A~Z) 중 1개를 사용
② 각각의 주소는 그에 따른 의미가 부여

[주소의 의미와 지령 범위]

기 능	주 소	의 미	지령범위
프로그램 번호	O	프로그램 인식 번호	1~9999
전개 번호	N	블록 전개 번호(작업 순서)	1~9999
준비 기능	G	이동 형태(직선, 원호보간 등)	0~99
좌표값	X Y Z	절대방식의 이동위치 지정	± 0.001 ~ ±99999.999
	U V W	증분방식의 이동위치 지정	
	A B C	회전축의 이동 위치	
	I J K	원호 중심의 각축 성분, 모떼기량	
	R	원호 반지름, 구석R, 모서리R 등	
이송기능	F	회전당 이송속도	0.01~500.000mm/rev
		분당 이송속도	1~1500mm/min
		나사의 리드	0.01~500mm
	E	나사의 리드	0.0001~500.0000
주축 기능	S	주축 속도	0~9999
공구 기능	T	공구 번호 및 공구 보정 번호	0~9932
보조 기능	M	기계작동 부위의 ON/OFF 지령	0~99
일시 정지	P, U, X	일시정지(dwell) 지정	0~99999.999sec
공구 보정 번호	H, D	공구 반지름 보정 및 공구 보정 번호 지령	0~64
프로그램 번호 지정	P	보정 프로그램 번호의 지정	1~9999
전개 번호 지정	P, Q	복합 반복주기의 호출, 종료 전개 번호	1~9999
반복 횟수	L	보조 프로그램의 반복 횟수	1~9999
매개 변수	A, D, I, K	가공 주기에서의 파라미터	

5. CNC 선반의 기능

(1) 좌표값 명령

CNC 선반에서는 공구대의 전후 방향을 X축, 길이 방향을 Z축으로 한다.

(2) 준비 기능(preparatory function) : G

[CNC 선반의 준비 기능]

G-코드(code)	그룹(group)	G-코드의 지속성	기 능
■ G 00	01	modal (계속 유효)	위치결정(급속 이송) : 전원 ON이면 기본값은 정해짐
■ G 01			직선가공(절삭 이송)
G 02			원호가공(시계 방향, CW)
G 03			원호가공(반시계 방향, CCW)
G 04	00	one shot (1회 유효)	일시정지(dwell : 휴지)
G 10			데이터(data) 설정(공구 보정량 설정)
G 20	06	modal (계속 유효)	inch 입력
■ G 21			metric 입력
■ G 22	04		금지(경계)구역 설정(ON)
G 23			금지(경계)구역 설정 취소(OFF)
G 27	00	one shot (1회 유효)	원점복귀확인
G 28			자동원점복귀
G 29			원점으로부터 복귀
G 30			제2, 제3, 제4 원점 복귀
G 32	01		나사절삭 기능(반드시 G97 명령 사용)
■ G 40	07	modal (계속 유효)	공구인선 반지름 보정 취소
G 41			공구인선 반지름 보정〈좌측〉
G 42			공구인선 반지름 보정〈우측〉
G 50	00	one shot (1회 유효)	공작물 좌표계 설정, 주축 최고 회전수 설정
G 70			정삭 사이클
G 71			안지름 · 바깥지름 황삭 사이클
G 72			단면황삭 사이클
G 73			형상 반복 사이클
G 74			단면 홈 가공 사이클(펙 드릴링 : Z 방향)
G 75			X방향 홈 가공 사이클
G 76			나사가공 사이클
G 90	01	modal (계속 유효)	안지름 · 바깥지름 절삭 사이클
G 92			나사절삭 사이클
G 94			단면절삭 사이클
G 96	02		원주속도 일정 제어(m/min)
■ G 97			원주속도 일정 제어 취소, 회전수 일정(rpm)
G 98	05		분당 이송 지정(mm/min)
■ G 99			회전당 이송 지정(mm/rev)

■ : 전원을 공급할 때 설정되는 G코드를 나타낸다.

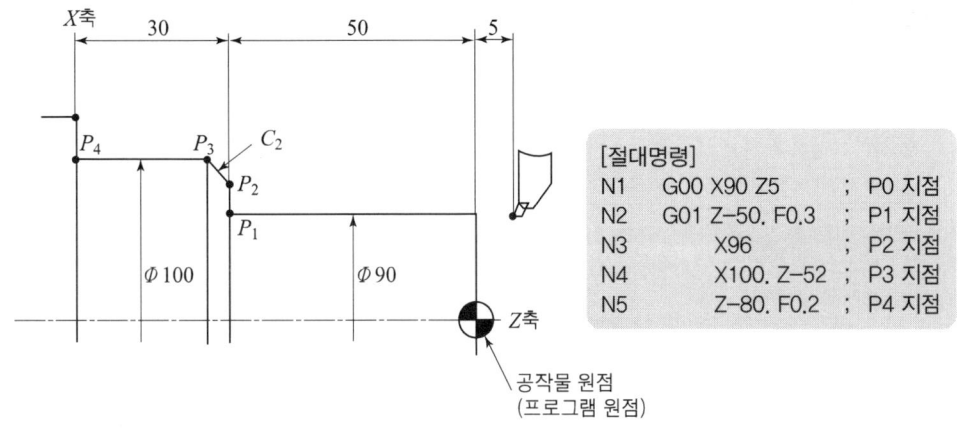

[직선가공]

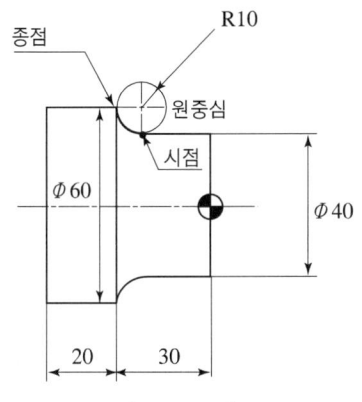

[원호가공]

(3) 이송 기능(feed function) : F

이송 기능이란, 일감과 공구의 상대속도를 지정하는 것이다. 일반적으로 CNC 선반에서는 회전당 이송으로 CNC 밀링이나 머시닝 센터에서는 분당 이송을 사용한다.

    G98 G01 Z100. F20 ; 공구 이송이 1분당 20mm 이송
    G99 G01 Z100. F0.3 ; 공구 이송이 1회전당 0.3mm 이송

(4) 보조 기능(miscellaneous function) : M

제어장치의 명령에 따라 CNC 공작기계가 가지고 있는 보조 기능을 제어(ON/OFF)하는 기능이다.

[보조 기능]

M 코드	의 미	적용 기종	M 코드	의 미	적용 기종
M 00	프로그램 정지	선반, 밀링	M 09	절삭유 공급 중지	선반, 밀링
M 01	선택적 정지	선반, 밀링	M 19	주축 일방향 정지	밀링
M 02	프로그램 끝	선반, 밀링	M 30	프로그램 끝 및 재개	선반, 밀링
M 03	주축 정회전(CW)	선반, 밀링	M 40	주축 기어 중립	선반
M 04	주축 역회전(CCW)	선반, 밀링	M 41	주축 기어 저속	선반
M 05	주축 정지	선반, 밀링	M 42	주축 기어 고속	선반
M 06	공구 교환	밀링	M 98	보조 프로그램 호출	선반, 밀링
M 08	절삭유 공급 시작	선반, 밀링	M 99	주 프로그램 호출	선반, 밀링

※ 주의 : 기계제작회사에 따라 M코드의 차이가 있을 수도 있다.

(5) 주축 기능(spindle-speed function, S) : (G96, G97)

주축의 회전수 명령방법에는 두 가지가 있다.

G96 S150 M03 ; $v = 150\text{m/min}$(원주속도 일정 제어)

G97 S150 M03 ; $n = 150\text{rpm}$(회전수 일정 제어)

여기서, v : 절삭속도(m/min)
n : 회전수(rpm)

[예] G50 X250. Z300. S2000 T0100 M42; (M42는 기종에 따라 선택)
    G96 S100 M03;   ······ 127.3rpm
    G00 X100 Z80. T0101; ······ 318.3rpm
    G01 X20 F0.2;   ······ 1591.5rpm
      X10;   ······ 3183.1rpm(G50에 명령된 최고 속도로 회전, 2000rpm)
      X0;   ······ 무한대(G50에 명령된 최고 속도로 회전, 2000rpm)

(6) 공구 기능(tool function) : T

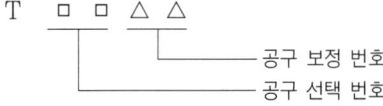

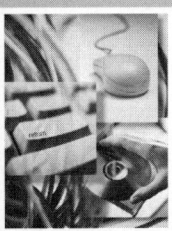

기·계·제·작·법

제12장
정밀측정

- 12-1 측정의 개념
- 12-2 직접 측정
- 12-3 비교측정
- 12-4 단면(端面) 측정(단도기)
- 12-5 각도 측정기
- 12-6 기타 측정

기·계·제·작·법

제12장 정밀측정

정밀측정

기계요소 부품의 치수, 모양, 면 및 표면거칠기 등을 가공 중 또는 제작 후에 측정, 검사하는 것을 정밀측정이라 한다.

12-1 측정의 개념

측정량을 단위로 하여 같은 종류의 다른 양과 비교하는 것이며, 표준측정온도는 20℃이며, 습도는 58% 표준 대기압은 760mmHg이다.

1. 측정방법

① **직접 측정** : 눈금이 있는 측정기를 사용하여 실제 치수를 재는 것
② **비교 측정** : 이미 알고 있는 표준편의 양과의 차를 비교하는 것
③ **간접 측정** : 기하학적으로 간단히 측정할 수 없는 경우 측정물에 볼, 롤러 등을 끼워 측정하는 것

2. 측정오차의 종류

측정오차 = 측정값 - 참값

① **계기오차** : 측정기의 구조상 오차, 측정압력, 측정온도, 측정기의 마모 등에 따른 오차를 계기오차 또는 측정기의 오차라 한다.
② **개인오차** : 측정자의 버릇, 부주의, 숙련도에서 발생하는 오차를 말한다.
③ **우연오차** : 기계에서 발생하는 소음이나 진동 등과 같은 주위환경에서 오는 오차 또는 자연현상의 급변 등으로 생기는 오차를 우연오차라 한다.
④ **아베의 원리** : "표준자와 피측정물은 같은 축선 상에 있어야 한다."는 원리이다. 아

베의 원리에 위배되는 측정기에는 버니어 캘리퍼스, 캘리퍼스형 내측 마이크로미터 등이 있다.

3. 측정기의 특성

① **최소 눈금과 눈금선 간격** : 측정기의 최소 눈금은 눈금선 위에서 한 눈금만큼 지침 또는 기선의 이동에 해당하는 측정량의 변화를 말한다.

$$감도(E) = \frac{지시\ 변화(\Delta A)}{측정량\ 변화(\Delta M)} \qquad 배율(V) = \frac{눈금선\ 간격(l)}{최소\ 눈금(S)}$$

② **측정 범위** : 측정기에서 읽을 수 있는 측정값의 범위를 측정 범위라고 한다.

4. 측정기의 사용

① **바깥지름, 길이** : 버니어 캘리퍼스, 외경 마이크로미터, 축용 한계 게이지(스냅 게이지), 공기 마이크로미터, 외경 지침 측미기 등
② **안지름** : 실린더 게이지, 텔레스코핑 게이지, 홀테스터 게이지, 공기 마이크로미터, 내경 마이크로미터, 내경 지침 측미기, 구멍용 한계 게이지(플러그 게이지) 등
③ **각도** : 만능 각도기, 사인 바, 각도 게이지, 컴비네이션 세트, 오토 콜리미터
④ **나사의 유효지름** : 나사 마이크로미터, 공구 현미경, 삼침법
⑤ **기어** : 기어 시험기 등
⑥ **다듬면** : 옵티컬 플랫, 스트레이트 에지, 정반, 정밀 수준기, 오토 콜리미터 등

12-2 직접 측정

길이의 단위는 미터법이며 1984년 2월에 개최된 국제 도량형 총회에서 "1m는 빛이 진공 중에서 299,792,458분의 1초 동안 진행된 거리로 한다"고 결정하였다.

장점은 ① 피측정물의 실제치수를 직접 읽을 수 있다.
② 측정 범위가 다른 측정법 보다 넓다.
③ 수량이 적고 종류가 많은 제품의 측정에 적합하다.

1. 버니어 캘리퍼스(vernier calipers)

버니어 캘리퍼스는 자와 캘리퍼스를 조합한 것으로, 일감의 바깥지름(두께), 안지름(폭), 깊이 등을 측정하는데 사용한다.

(1) 버니어 캘리퍼스의 종류

종 류	눈금기입방법	최소 측정값
M_1형	• 어미자 최소눈금 : 1mm • 어미자 눈금 19mm 또는 39mm를 20등분 한 아들자로 되어 있다.	0.05mm
M_2형	• 어미자 최소눈금 : 0.5mm • 어미자 눈금 24.5mm를 25등분 한 아들자로 되어 있다.	0.02mm
CB형	• 어미자 최소눈금 : 0.5mm • 어미자 눈금 12mm를 25등분 한 아들자로 되어 있다.	0.02mm
CM형	• 어미자 최소눈금 : 1mm • 어미자 눈금 49mm를 50등분 한 아들자로 되어 있다.	0.02mm

> **참고 최소측정값 계산법**
> 가장 많이 사용되는 아들자 눈금으로서, 어미자의 $(n-1)$눈금을 n등분한 것이다.
> $(n-1)S = nV$
> $V = \dfrac{n-1}{n}S$
> $C = S - V = S - \dfrac{n-1}{n}S = \dfrac{S}{n}$
>
> 여기서, S : 어미자의 1눈금 간격
> V : 아들자의 1눈금 간격
> C : 아들자로 읽을 수 있는 최소 측정값

[예] 주척 19눈금(19mm)을 20등분한 부척의 1눈금 차이는 $1 - \dfrac{19}{20} = \dfrac{1}{20}$[mm]

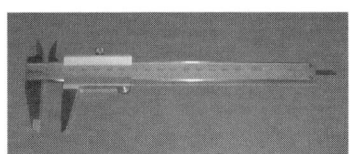

[버니어 캘리퍼스]

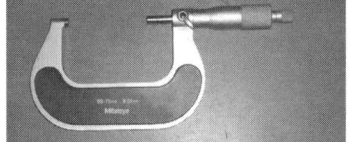

[마이크로미터]

2. 마이크로미터(micrometer)

마이크로미터는 바깥지름, 안지름 및 깊이 측정에 사용하며, 정밀 삼각나사로 만든 암나사와 수나사의 끼워맞춤을 응용한 정밀도가 높은 측정기이다.

(1) 마이크로미터의 원리

외경 마이크로미터로서 스핀들과 같은 축에 있는 1중 나사인 수나사[미터식에서는 피치 0.5mm가 많음]와 암나사가 맞물려 있어서 스핀들이 1회전하면 0.5mm 움직인다. 표준 마이크로미터는 나사의 피치가 0.5mm, 딤블의 원주 눈금이 50등분 되어 있으며, 최소 측정값은 0.01mm이다.

(2) 마이크로미터의 종류

외측·내측·지시·깊이·나사·이두께·V앤빌·글루브·포인트 마이크로미터 등이 있으며, 0~25mm, 25~50mm, 50~75mm, 75~100mm, 즉 25mm 단계로 있는데 안지름용에서는 0~25mm가 없고 5~25mm가 있다.

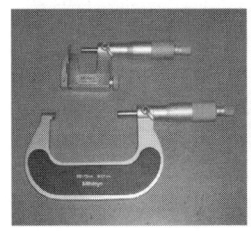 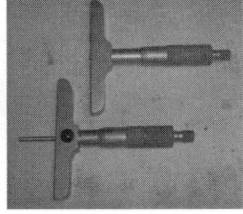 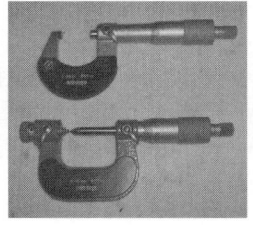 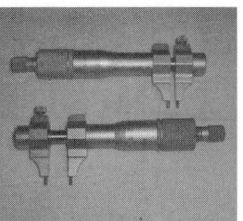

[외측 마이크로미터] [깊이 마이크로미터] [나사 마이크로미터] [내측 마이크로미터]

(3) 마이크로미터 취급시 주의사항

① 동일한 장소에서 3회 이상 측정하여 평균값을 내어서 측정값을 얻는다.
② 장시간 손에 들고 있으면 체온에 의한 오차가 생기므로 신속히 측정한다.
③ 사용 후의 보관시에는 반드시 앤빌과 스핀들의 측정면을 약간 띄워둔다.
④ 0점 조정시에는 비품으로 딸린 스패너를 사용하여 슬리브의 구멍에 끼우고 돌려서 조정한다.

3. 하이트 게이지(height gauge)

하이트 게이지는 대형 부품, 복잡한 모양의 부품 등을 정반 위에 올려 놓고 정반면을 기준으로 하여 높이를 측정하거나 스크라이버(scriber) 끝으로 금긋기 작업을 하는데 이용된다.

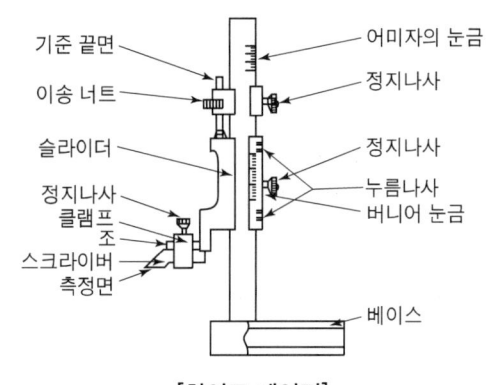

[하이트 게이지]

[하이트 게이지의 종류]
하이트 게이지는 HM형, HB형, HT형 3종류가 대표적이며, HM형은 0점을 조정할 수 없으며 이송 바퀴를 돌려 슬라이더의 미동이나 측정력을 조정할 수 있고, 특히 HT형은 본척을 이동시켜 0점을 조정할 수 있고, 확대경이 붙어 있어 눈금 읽기가 편리하다.

4. 측 장 기

측장기는 내부에 표준차를 가지고 있어 피측정물의 치수와 길이를 직접 구할 수 있는 길이 측정기이다. 비교적 큰 치수의 제품을 높은 정밀도($1\mu m$)로 측정하는 장치로 되어 있다. 측장기는 안지름, 작은구멍, 암나사, 테이퍼 측정이 가능하며 정밀 게이지, 공구검사에 쓰인다.

12-3 비교측정

기준 치수와 실제 치수를 비교하여 측정하는 방법을 비교측정이라 하고, 이때 사용하는 측정기를 비교측정기라 한다. 비교측정기는 측정 범위가 좁고, 최소 눈금은 0.01~0.001mm가 보통이지만, 그 이하인 것도 있다. 확대의 방식에는 기계식, 공기식, 전기식, 광학식 등의 기구가 쓰인다.

1. 다이얼 게이지(dial gauge)

기어장치로서 미소한 변위를 확대하여 길이 또는 변위를 정밀측정하는 게이지를 말한다.

(1) 다이얼 게이지의 측정 범위

평면이나 원통형의 평면도, 원통의 진원도, 축이 흔들림, 직각도 등의 검사나 측정에 사용된다(최소눈금은 1/100mm, 1/000mm). 여기서, 진원도 측정방법에는 지름법, 반지름법, 삼점법 등이 있다.

(2) 사용상 주의사항

① 다이얼 게이지는 단독으로 사용할 수 없으므로 지지장치가 필요하다. 이때 다이얼 게이지를 고정시킨 암이 길면 측정력에 의해 휨이 생겨 오차가 생기기 쉽다.
② 다이얼 게이지는 측정자의 움직이는 방향과 측정하는 방향을 일치시켜야 한다.
③ 보관시는 모든 부분의 먼지, 습기 등을 닦아 상자에 보관하며, 이때 기름칠을 하지 않는다.
④ 정밀 측정기이므로 충격 및 취급에 주의해야 한다.
⑤ 측정자를 피측정면에 접촉시킬 때는 손으로 가볍게 누른다.

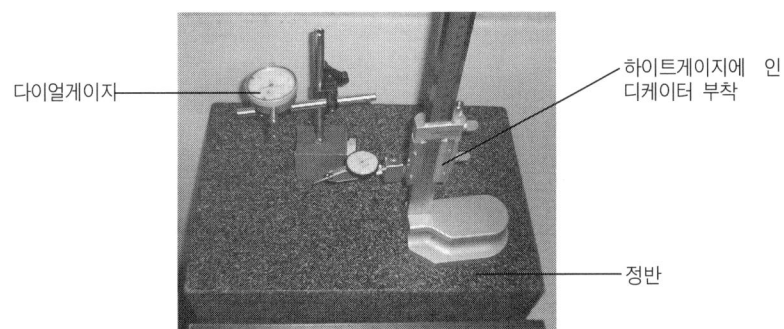

[다이얼 게이지]

2. 공기 마이크로미터(air micrometer)

공기의 흐름을 확대기구로 하여 길이를 측정하는 방법으로 노즐부분을 교환함으로써 바깥지름, 안지름, 직각도, 진원도, 평면도, 테이퍼, 타원 등을 측정할 수 있다.
공기 마이크로미터의 종류로는 유량식, 배압식, 유속식 그리고 공기압력에 따라 저압식, 중압식, 고압식이 있다.

3. 전기 마이크로미터(electrical comparator)

보통 측정자의 기계적 변위를 전기량으로 변환하여 지시계의 지침이 흔들리는 것으로 표시하는 측미기로 측정한다.

4. 옵티미터(optimeter)

광학적으로 길이의 미소범위를 확대하여 측정한다.

5. 미니미터(minimeter)

컴퍼레이터의 일종으로 제품의 치수와 표준 게이지와의 치수자를 측정하는 측미지시계로 레버확대지시장치가 있다. 측정 범위는 ±0.1mm 정도이다.(100배 또는 1000배로 확대)

12-4 단면(端面) 측정(단도기)

1. 표준 게이지

(1) 블록 게이지(block gauge)

측정기에서 선과 선의 간격으로 길이를 표시하는 선도기와 면과 면을 간격으로 표시하는 단도기 중 가장 정도가 높은 것이 블록 게이지이다. 재질은 특수 공구강을 열처리하여 연마한 후 래핑(lapping)된 것이다.
① 종 류
㉠ 요한슨형(johanson type) : KS에는 1000mm까지 규정(직사각형 단면)

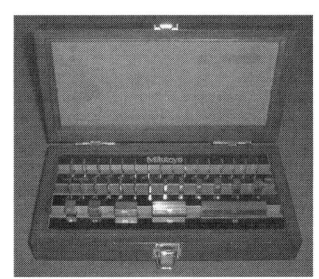

[블록 게이지]

제12장 정밀측정

ⓒ 호크형(hoke type) : 직사각형으로 미국에서 많이 사용되며, 중앙에 구멍이 뚫려 있다.

ⓒ 캐리형(cary type) : 얇은 치수에 중공형 원판형이다.

② 블록 게이지의 종류

등 급	용 도	검사주기
AA(00)	연구소용(참조용) : 표준용 블록 게이지의 참조, 정도점검, 연구용	3년
A(0)	표준용 : 검사용 게이지, 공작용 게이지의 정도점검, 측정기구 정도 점검용	2년
B(1)	검사용 : 기계공구 등의 검사, 측정기구의 정도 조정	1년
C(2)	공작용(일감용) : 공구, 날공구의 장착용, 게이지 제작, 측정기류의 조정	6개월

> **참고** 각 면을 몇 개 조합 밀착(wringing)시켜 필요한 치수로 만들어 길이의 기준으로 한다. 보통 103, 76, 47, 32, 27, 8개가 한 세트로 조합되어 있다.
> **밀착**(wringing) : 흡착력 20~40kg 정도

(2) 표준 테이퍼 게이지(standard taper gauge)

공작물의 테이퍼를 측정하는 것으로 테이퍼 부분에 광명단을 엷게 칠하고 게이지와 공작물을 끼워맞추어 가볍게 회전시켜 접촉상태를 본다.

① 모스 테이퍼(Morse' taper) : 1/20(No.0~No.7) 8종류
② 브라운 샤프 테이퍼(Brown & Sharpe taper) : 1/24(No.5~No.12) 8종류
③ 쟈노 테이퍼(Jarno taper) : 1/20(No.2~No.10) 9종류
④ 내셔널 테이퍼(National taper) : 7/24

2. 한계 게이지(limit gauge)

주어진 치수대로 제품을 가공하기는 대단히 곤란하므로 대소의 한계를 주면 가공이 쉽고 시간도 절약된다. 이와 같은 경우에 사용하는 것이 한계 게이지이다. 통과측(go side)과 정지측(no go side)이 있다.

(1) 구멍용 한계 게이지

① **플러그 게이지** : 비교적 작은 구멍(1~100mm)의 검사에 사용된다.
② **평 게이지** : 원통의 일부를 측정면으로 하여 비교적 큰 구멍(50~250mm)의 검사에 사용된다.
③ **봉 게이지** : 250mm를 초과하는 구멍의 검사에 사용된다.

(2) 축용 게이지

① **링 게이지** : 지름이 작거나 얇은 두께의 공작물 검사에 사용된다.

② 스냅 게이지 : 축의 지름 검사 등에 사용하는데, 고유 치수와 작동 치수를 갖고 있다. 종류로는 단형, C형, A형 등이 있다.

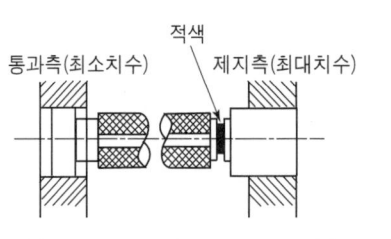

[구멍용 게이지(플러그 게이지)]

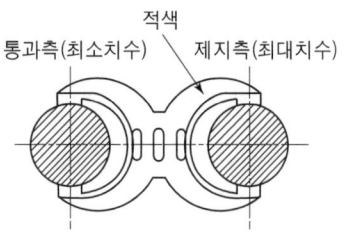

[축용 게이지(스냅 게이지)]

(3) 나사용 한계 게이지

① **플러그 나사 게이지** : 너트의 유효 지름을 검사
② **링 나사 게이지** : 볼트의 유효 지름을 검사

> 참고 | 검사는 통과 나사 게이지의 통과쪽이 무리없이 통과되고, 정지 나사 게이지도 2회전 이상 돌려지지 않아야 한다.

(4) 테일러의 원리(Taylor's theory)

"통과 측에는 모든 치수 또는 결정량이 동시에 검사되고 정지측에는 각 치수를 개개로 검사하지 않으면 안 된다." 즉, 한계 게이지에 의해 합격된 제품도 축의 휨이나 구멍의 요철 및 타원 등에 구별하지 못하기 때문에 게이지로 측정하든지, 검사할 필요가 있다.

3. 기타 게이지(표준 게이지)

① **반지름 게이지(radius gauge)** : 반경 게이지 또는 레이디어스 게이지라고도 한다.
② **센터 게이지(center gauge)** : 선반작업의 센터고정이나 바이트의 각도를 검사하는데 사용
③ **틈새 게이지(thickness gauge)** : 미세한 간격이나 틈새를 측정하는데 사용
④ **피치 게이지(pitch gauge)** : 나사산의 피치를 신속하게 측정
⑤ **와이어 게이지(wire gauge)** : 철사의 지름을 번호로 나타낼 수 있게 만든 게이지
⑥ **드릴 게이지(drill gauge)** : 드릴의 지름을 측정하는 판에 구멍이 여러개 뚫린 게이지

12-5 각도 측정기

1. 각도 게이지

(1) 요한슨식 각도 게이지

4개의 모서리 또는 2개의 모서리를 정밀도 ±12초로 다듬질한 것으로 49개조, 85개조가 있어 10~350° 사이에는 1' 건너(49개조는 5' 건너), 0~10° 및 350~360°는 1° 간격으로 만들어져 있다.

(2) N.P.L식 각도 게이지

쐐기형의 열처리된 블록으로 6', 18', 30', 1", 3", 9", 27", 1°, 3°, 9°, 27°, 41°의 각도를 가진 12개의 게이지를 한 조로 한다.

2. 사인 바(sine bar)

블록 게이지를 이용하여 삼각함수의 사인(sine)에 의해 각도측정
① **각도 구하는 공식**

$$\sin\alpha = \frac{H-h}{L}$$

여기서, H : 높은쪽 높이
h : 낮은쪽 높이
L : 사인 바의 길이

② **사인 바의 길이(크기)** : 양쪽 롤러의 중심거리
③ **사인 바의 호칭치수** : 100mm, 200mm
④ 사인 바는 α가 45° 이하의 각도측정에 사용한다.

[센터 사인 바 게이지]

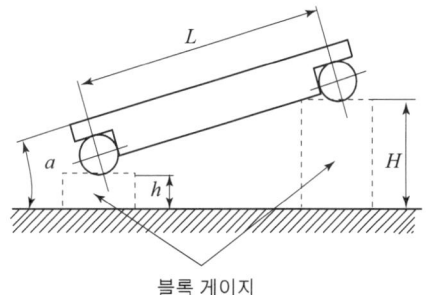

3. 수준기(level)

수직, 수평 측정에 쓰이며 기포관 속에는 에테르 또는 알콜이 기포관 1눈금은 수평방향 1m마다의 기울기를 표시한다. 용도는 기계의 조립, 설치 등의 수평, 수직을 조사할 때 사용한다. 수준기의 감도는 1종 : 0.02mm/m=4초, 2종 : 0.05mm/m=10초, 3종 : 0.1mm/m=20초 등이 있다.

4. 강구 및 롤러에 의한 테이퍼 측정

① 롤러를 측정하는 방법

$$C = \frac{M_2 - M_1}{H} \quad : \quad \tan\frac{\alpha}{2} = \frac{M_2 - M_1}{2H}$$

$$D_1 = M_1 - d\left(1 + \sec\frac{\alpha}{2}\right)$$

$$D_2 = M_2 - d\left(1 + \sec\frac{\alpha}{2}\right)$$

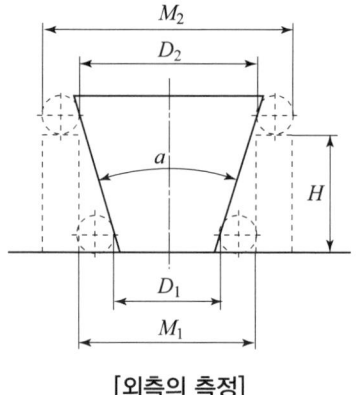

[외측의 측정]

여기서, C : 테이퍼
α : 테이퍼의 각도(보통 ±20~30초 정도)
D_1, D_2 : 롤러 중심을 통과하는 평면내의 지름

5. 기타 각도 측정기

① **만능 각도 측정기**(bevel protractor) : 스토크와 블레이드 사이에 측정물을 넣어 본척과 부척에 의해 5′ 단위의 각도를 읽을 수 있다.
② **컴비네이션 세트**(combination set) : 강철자, 직각자 및 각도기 등을 조합하여 각도 측정
③ **광학식 클리노미터**(optical clinometer)
④ **광학식 각도기**(optical protractor) : 본체 내부에 있는 유리판 위의 원주눈금을 확대경 또는 현미경으로 읽는다.
⑤ **오토 콜리미터**(auto collimator) : 미소각을 측정하는 광학적 측정기로서 정밀 정반의 평면도, 마이크로미터 측정면의 직각도, 평행도 및 미소각의 차, 변화, 흔들림 등을 측정한다. 주요 부속품으로는 평면경, 폴리곤 프리즘, 펜타프리즘, 조정기, 변압기 등이 있다.

12-6 기타 측정

1. 안지름(내경) 측정

안지름 측정은 내경 마이크로미터, 실린더 게이지, 텔리스코우핑 게이지, 스몰 홀 게이지 등에 의하여 측정이 가능하며, 안지름 측정, 홈을 측정할 때 게이지 설정 위치에 의한 오차가 수반된다. 오차를 작게 하기 위하여 3점법이라 하는 내경 측정기를 사용한다.

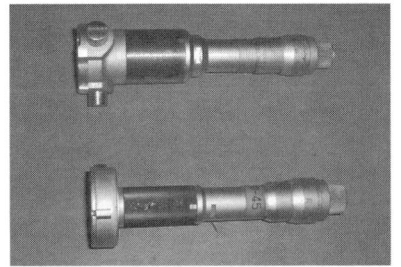
[홀테스터 게이지]

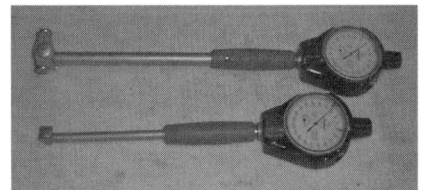
[실린더 게이지]

2. 나사 측정

나사의 측정은 바깥지름(또는 안지름), 골지름, 나사 유효지름, 피치, 나사산의 각도 등을 측정한다. 나사의 유효지름 측정에는 나사 마이크로미터(thread micrometer), 삼침법(three wire method), 공구 현미경(tool maker's microscope), 만능 투영기(profle projector) 등이 있으며 가장 정밀도가 높은 유효지름 측정 게이지는 삼침법이다.

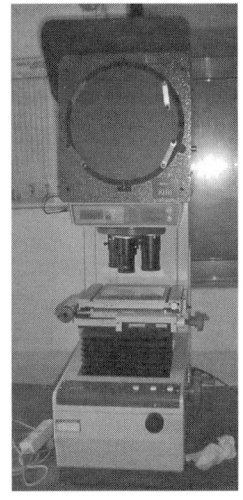
[공구 현미경]

[표면거칠기 측정기]

3. 광선 정반(optical flat)

광선 정반은 비교적 작은 부분의 평면도를 측정, 검사하는데 사용되는 것으로 천연 수정 또는 광학 유리로 만들어진 지름 30~60mm, 두께 11~15mm의 원판이며, 그 양면은 매우 정확한 평행 평면으로 되어 있다. 이것을 측정면에 올려놓고 표면에 백색빛 또는 단색빛을 투사하면 이 빛에 의하여 나타나는 간섭 무늬로 평면도를 판정한다.

$$F = \frac{\lambda}{2} \times \frac{b}{a}$$

여기서, F : 평면도
λ : 사용하는 빛의 파장(μm)
a, b : 간섭 무늬의 중심간격 및 굽힘량(mm)
　　최대 측정길이 250mm 미만 : 간섭무늬 수 2개
　　최대 측정길이 250mm 이상 : 간섭무늬 수 4개
※ 간섭무늬수 1개당 0.32μm이다.

> **참고** **평행 광선 정반(Optical Parallel)**
> 평행도 검사에 주로 쓰이며, 마이크로미터의 종합 정밀도 검사(측정면의 평면도 및 평행도를 측정)에 쓰인다.

4. 기어의 측정

이 두께 측정, 피치 측정, 편심오차 치형 곡선 측정, 물림 상태 측정이 있으며, 이두께 측정법에는 현이두께법, 걸치기 이두께법, 오우버핀법이 있다.

(1) 기어시험기

피측정기어와 표준기어를 맞물려서 회전시킨다. 이때 이 홈의 흔들림, 치형오차, 압력각 오차, 피치오차 등을 종합적으로 측정할 수 있다.

(2) 치형 버니어 캘리퍼스

피치 원주상의 활줄 이두께(chordal thickness)를 측정한다.

5. 표면 거칠기 측정

(1) 표면 거칠기 측정법

① **광절단법** : 투사 광선으로 표면을 절단하여 현미경이나 투영기로 확대하여 측정
② **광파간섭법** : 빛의 간섭을 이용하여 가공 면의 거칠기를 측정
③ **촉침법** : 표면 거칠기 측정법의 대표적인 방법으로 피측정물 면에 수직으로 움직이는

촉침으로 표면을 긁어서 상하의 움직임 량을 전기적인 신호로 변환하여 증폭시켜 그래프 값으로 나타내어 측정

④ **규격용 표준편차의 비교 측정법**

(2) 표준 거칠기의 종류

① 최대 높이 거칠기(Ry, Rmax)   [예] 100S
② 산술(중심선) 평균 거칠기(Ra)   [예] 25a
③ 10점 평균 거칠기(Rz)   [예] 100Z

기·계·제·작·법

제13장

수기가공(손다듬질)

13-1 금긋기 작업
13-2 절단 작업
13-3 줄 작업
13-4 스크레이퍼 작업(scraping)
13-5 리머 작업(reaming)
13-6 탭 및 다이스 작업

제13장 수기가공(손다듬질)

공작기계를 사용하지 않고 수공구를 이용하여 기계의 부분품을 완성시키는 작업으로 수가공, 손다듬질이라고도 하며 금긋기 작업, 정 작업, 줄 작업, 스크레이핑 등을 총칭한다.

13-1 금긋기 작업

1. 금긋기 작업 및 공구

(1) 금긋기 작업

공작물에 절삭가공의 기준선을 긋거나 중심의 위치를 표시하는 것을 금긋기 작업이라 한다.

(2) 금긋기 공구

[금 긋 기]

종 류	규 격	용 도
센 터 펀 치	전체의 길이	교점 표시나 드릴로 구멍을 뚫기 전에 사용
컴 퍼 스	조의 길이	원 및 원호를 그을 때 사용
서피스케이지	기둥의 길이	평행선을 긋거나 둥근봉의 중심을 구할 때 사용
금 긋 기 바 늘	전체의 길이	금을 그을 때 사용
직 각 자	플레이트의 길이	직각으로 금을 그을 때 사용
V 블 록	가로×세로×높이	공작물을 확실히 고정하고 금긋기할 때 기계 가공할 때 사용
스 크 류 잭	작동유효거리	일감을 임의의 높이로 지지하는데 사용

[스크류잭]

2. 금긋기 도료 및 방법

(1) 금긋기 도료

공작물의 금긋기 부분에 금긋기 선이 뚜렷하게 나타나게 하기 위하여 도료를 바른다.
① **흑피용** : 호분, 백묵, 마킹 페이트, 매직 잉크
② **다듬질용** : 청죽(염료), 황산동액, 묵즙

(2) 금긋기 방법

① **1번 금긋기** : 흑피물 등에 금을 긋는 것(최초 금긋기)
② **2번 금긋기** : 절삭가공 후 다듬질면을 기준으로 다음 공정을 위해 또 한번 금긋기 작업을 하는 것

3. 손다듬질용 공구

(1) 정반(surface plate)

정반은 주철이나 석재로 만들며, 측정면은 잘 가공되었다. 정반(래핑 가공)은 금긋기와 가공시 기준면이 된다. 크기는 가로×세로×높이로 표시(세로×길이)

(2) 바이스(vise)

바이스는 일감을 고정할 때 사용한다. 종류는 탁상 바이스와 레그 바이스(leg vise : 수직 바이스)가 있으며, 크기는 바이스 조(jaw)가 벌어질 수 있는 최대폭으로 표시

(3) 작업대

작업대는 바이스를 고정하여 사용하며 작업대 윗면은 주로 목재를 사용한다. 크기는 가로×세로×높이로 표시

[줄다듬질 장면]

[수평 바이스]

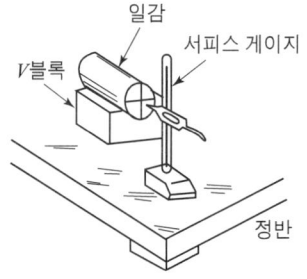
[금긋기 작업]

13-2 절단 작업

1. 쇠 톱

손톱과 각종 기계톱 등이 있으며, 톱날의 재질은 공구강이나 고속도강을 사용한다. 톱날의 피치는 공작물의 재질에 따라 다르며, 크기는 1인치(25.4mm)에 대한 잇수로 표시한다. 다음 표는 톱날의 잇수와 공작물의 관계를 표시한 것이다.

> **참고** 톱날의 크기는 양끝 구멍 중심에서 중심까지의 길이를 표시한다.

[공작물의 재질에 따른 톱날의 잇수]

잇수 (inch 당)	공작물의 재질	잇수 (inch 당)	공작물의 재질
14	탄소강(연강), 동합금, 경합금, 레일	24	강관, 합금강, 앵글
18	탄소강(경강), 주철, 합금강	32	얇은 철판, 얇은 강, 작은 지름의 관, 합금강

2. 정작업(chipping)

정은 팔각, 육각 또는 타원의 단면으로 된 것으로, 주로 따내는데 사용하며 탄소강으로 만든다. 크기는 날폭과 전체의 길이로 표시한다.

정은 해머의 충격을 받기 때문에 인성이 강한 0.8~1.0% C 공구강으로 만들며, 날끝은 충격에 견디도록 담금질과 뜨임하여 사용한다.

[평정의 날끝각]

공작물의 재질	날끝각 θ (%)
구리 · 납 · 화이트메탈	25~35
황동 · 청동	40~50
	45~55
연강	55~60
주철	
경강	60~70

(1) 정의 종류

① **평정** : 평면을 깎을 때나 절단하는데 사용
② **캡정** : 넓은 면을 깎을 때나 키 홈을 팔 때 사용
③ **홈정** : 기름 홈을 팔 때 사용

(2) 정 작업

정 작업시 날끝을 보면서 해머질을 해야 하며 너무 무리한 힘을 가하지 말 것.

> **참고** 해머의 크기는 머리의 무게로 표시

(3) 정의 기울기

공구각의 1/2 정도 공작물에 대하여 정을 기울게 한다.

13-3 줄 작업

줄은 표면에 많은 절삭날이 있으며 탄소 공구강(STC 3~5종)이나 합금 공구강(STS)으로 만들며, 줄의 크기 표시는 자루부분을 제외한 몸 전체의 길이로 표시한다.

1. 줄의 종류

(1) 단면 모양에 따른 종류

삼각줄, 평줄, 반원줄, 사각줄, 둥근줄 등 5종류가 있다.

[줄의 단면 모양]

(2) 줄눈의 형상에 따른 종류

① **홑눈줄**(single cut) : 한쪽 방향(70~80°)으로만 눈을 만든 것으로, Pb, Sn, Al과 같이 연질재료 및 얇은 판금의 가장자리 절삭에 사용한다.(단목)
② **겹눈줄**(double cut) : 두 개의 상하날이 교차하도록 만든 것으로 상날(절삭)은 70~80°로 하부날(칩배출)은 40~45°로 되어 있으며 강과 주철과 같은 보통 절삭에 사용하며 연한 금속, 일반 철공용으로 쓰인다.(복목)
③ **라스프줄**(rasp cut) : 줄날이 돌기 형식이며 목재, 가죽 등 비금속재료 절삭에 사용한다.(귀목)
④ **곡선줄**(curved cut) : 줄날이 곡선으로 칩 배출이 용이하고 절삭 능력이 강력해서 납, Al, 플라스틱, 목재 등과 같은 재질 절삭에 사용한다.(파목)

(3) 줄눈의 크기에 따른 분류

대황목(아주 거친 눈)줄, 황목, 중목(중간 눈)줄, 세목(가는 눈)줄, 유목줄 등이 있으며 같은 가는눈 줄이라도 줄의 크기가 작은쪽이 줄 눈이 곱다.

(4) 조줄(set file)

단면 모양이나 다른 줄 5~12개를 1개조로 조합한 줄로서 금형이나 정밀가공에 사용된다. 줄자루가 없는 것이 특징이다.

2. 줄 작업의 종류

(1) 직진법
줄을 길이 방향으로 직진시켜 절삭하는 방법으로 황삭 및 최종 다듬질 작업에 사용한다.

(2) 사진법
넓은 면 절삭에 적합하며, 절삭량이 많아 황삭 및 모따기에 적합하다.

(3) 횡진법
줄을 길이 방향과 직각 방향으로 움직여 절삭하는 방법으로 폭이 좁고 길이가 긴 공작물의 줄 작업에 좋다.(병진법)

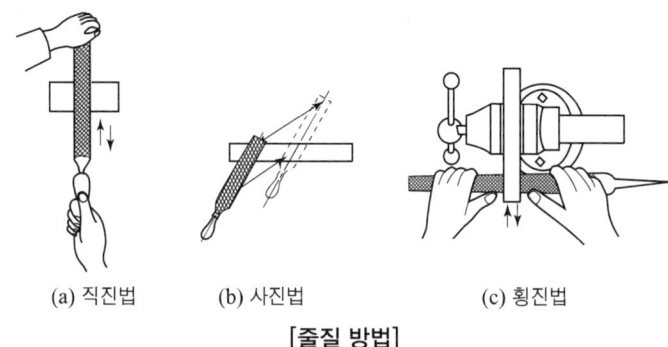

(a) 직진법 (b) 사진법 (c) 횡진법

[줄질 방법]

13-4 스크레이퍼 작업(scraping)

기계가공한 면을 다시 정밀하게 가공하는 작업을 스크레이핑이라고 하며 이때 사용하는 공구를 스크레이퍼라 한다.

스크레이퍼의 재질은 SKH2(고속도강)로 만들며, 초경합금으로 만들기도 한다.

1. 스크레이퍼 작업

스크레이퍼 작업은 정반 위에 광명단을 얇게 바른 후 공작물을 문지르면 제일 높은 부분에 광명단이 묻게 되는데, 이것을 스크레이퍼로 깎아낸다. 이와 같은 작업을 반복하여 평면을 만든다.

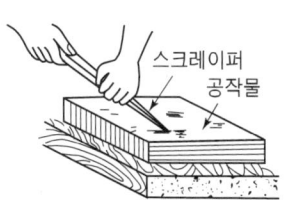

[스크레이핑]

2. 스크레이퍼 날끝 각도

피삭재의 재질	거친 다듬질용	본 다듬질용
주철, 연강	70~90°	90~120°
동합금, 화이트메탈	60~75°	75~80°

3. 스크레이퍼 작업시 주의사항

① 스크레이퍼를 대는 방향은 매회 90°로 바꾼다.
② 광명단은 얼룩없이 고르게 바른다.
③ 피삭재의 재질에 따라 적당한 크기의 스크레이퍼를 택한다.
④ 문지를 때 너무 세게 누르지 않는다.
⑤ 공작물의 표면은 깨끗이 닦아낸다.9-5 리머 작업 및 탭·다이스 작업

13-5 리머 작업(reaming)

드릴로 뚫은 구멍은 보통 진원도 및 내면이 다듬질정도가 양호하지 못하므로 리머를 사용하여 구멍의 내면을 매끈하고 정확하게 가공하는 작업을 리머작업 또는 리밍(reaming)이라고 한다. 리머의 여유는 0.2~0.3mm 정도가 주로 사용된다.
리머재질은 고속도강으로 만든다.

1. 리머의 종류

① **핸드 리머**
② **기계 리머** : 채킹 리머, 조버스 리머, 브리지 리머
③ **테이퍼 리머** : 모스테이퍼 리머, 테이퍼핀 리머, 파이프 리머
④ **조정 리머** : 조정 리머, 팽창 리머
⑤ **셀 리머** : 자루와 날부가 별개로 되어있는 리머

[리머]

2. 리머 작업시 유의사항

① 다듬여유를 작게 하고 낮은 절삭속도로써 이송을 크게 하면 좋은 가공면이 된다.
② 리머를 뺄 때 역회전시켜서는 안 된다.
③ 기름을 충분히 주어 칩이 잘 배출되도록 해야 한다.
④ 채터링(떨림)을 방지하기 위해 절삭날의 수는 홀수날이고 부등간격으로 배치한다.

13-6 탭 및 다이스 작업

나사는 원통의 외면과 내면에 나선 모양으로 절삭한 것이며, 탭 작업(tapping)이란 드릴로 뚫은 구멍에 탭과 탭 핸들에 의해 암나사를 내는 작업이다. 다이스 작업(dies working)이란 둥근봉 또는 관 바깥지름 다이스(dies)를 사용하여 수나사를 내는 작업이다.

1. 탭작업(tapping)

탭(tap)은 나사부와 자루부분으로 되어 있으며 암나사를 만드는 공구이다.
① **핸드탭** : 1번, 2번, 3번 탭의 3개가 1개조로 되어 있고, 탭의 가공률은 1번 : 55%, 2번 탭 : 25%, 3번 탭 : 20% 가공을 한다. 현장에서는 보통 2번, 3번 탭만으로 태핑을 한다.
② **기계탭** : 작업능률을 향상시키기 위해 기계에 장치하여 나사를 내는 탭
  ㉠ 테이퍼 탭(taper tap) : 자루 부분의 지름을 너트의 구멍 지름 보다도 가늘고 길게 만들고 챔퍼 부분의 테이퍼도 완만하게 한 것으로 대량생산에 사용한다.
  ㉡ 마스터 탭(master tap) : 다이스나 체이서 등을 만드는 탭이다.

> **참고** **체이서(chaser)**
> 여러 개의 나사산 모양이 있는 절삭 바이트

  ㉢ 건 탭(gun tap) : 탭에 비틀림 홈이 있는 것으로(15°) 고속 절삭용이다.
  ㉣ 파이프 탭(pipe tap) : 가스 탭이라고도 하며, 가스관 또는 조인트에 암나사를 깎는 탭이다.
  ㉤ 스파이럴 탭(spiral tap) : 인성이 강한 강재에 대하여 절삭성이 좋고 절삭면이 매끈하게 다듬질된다. 나사부가 나선형으로 되어있다.
③ **탭 작업시 탭이 부러지는 이유**
  ㉠ 구멍이 너무 작거나 구부러진 경우
  ㉡ 탭이 경사지게 들어간 경우
  ㉢ 탭의 지름에 적합한 핸들을 사용하지 않는 경우
  ㉣ 너무 무리하게 힘을 가하거나 빨리 절삭할 경우
  ㉤ 막힌 구멍의 밑바닥에 탭의 선단이 닿았을 경우
④ **탭 구멍** : 탭 구멍의 지름은 다음과 같은 식으로 구할 수 있다.

$$\text{미터나사} : d = D - p$$

$$\text{인치 나사} : d = 25.4 \times D - \frac{25.4}{N}$$

여기서, d : 탭 구멍의 지름(mm)
D : 나사의 바깥지름(mm)
p : 나사의 피치(mm)
N : 1인치(25.4mm) 사이의 산 수

2. 다이스 작업

다이스는 수나사를 만드는 공구로서 내면은 나사로 되어 있고 칩이 빠져 나올 수 있는 홈이 있다. 앞면에 2~2.5산, 뒷면에 1~1.5산 정도가 모따기로 되어있고 앞면을 공작물에 접촉시켜서 작업을 한다. 나사지름을 조절할 수 있는 분할 다이스와 나사지름을 조절할 수 없는 단체 다이스로 나눈다.

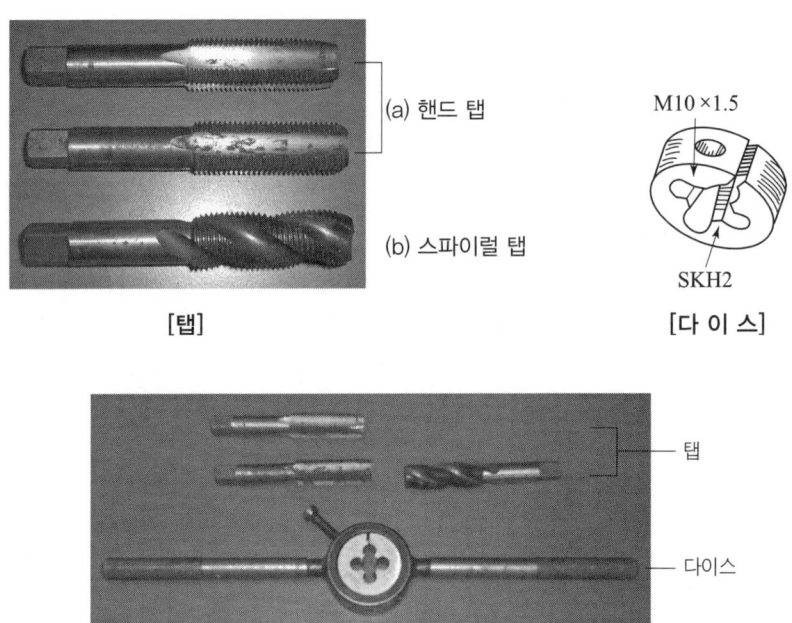

[탭]   [다 이 스]

[탭과 다이스]

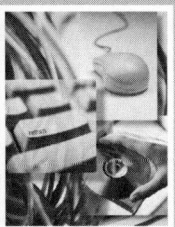

기·계·제·작·법

14

제14장
기계 안전 작업

14-1 보호구
14-2 통행과 운반
14-3 수공구류 안전 수칙
14-4 다듬질의 안전수칙
14-5 공작기계 작업시 안전수칙
14-6 산업안전

기·계·제·작·법

제14장 기계 안전 작업

14-1 보호구

① 안전을 위하여 작업에 필요한 적절한 보호구를 선정하고 올바른 사용 방법을 익혀 둔다.
② 필요한 수량의 비치, 정비, 점검 등 보호구의 관리를 철저히 한다.
③ 필요한 보호구는 반드시 착용한다.
　㉠ 보안경 : 절삭시 칩이 튀거나, 모래, 숫돌입자 등이 날리는 작업 등에 사용한다.
　　[예] 연삭, 선반, 드릴링, 셰이퍼, 목공기계 작업시 착용
　㉡ 차광 보호 안경 : 용접 작업과 같이 불티나 유해광선이 나오는 작업에 사용한다.
　㉢ 방진 마스크 : 먼지가 많은 장소와 인체에 해로운 가스가 발생되는 작업장에서 사용한다.
　㉣ 장갑 : 선반, 밀링, 연삭, 드릴, 목공기계, 해머, 정밀기계 작업 등에는 장갑을 착용하지 않으며, 전기용접, 주조작업시 착용한다.
　㉤ 귀마개 : 소음이 발생하는 작업, 제관, 조선, 단조, 직포 작업 등에는 귀마개를 사용한다.
　㉥ 안전모
　　• 물건이 떨어지거나 추락, 충돌에서 머리를 보호할 수 있도록 안전모를 착용한다.
　　• 안전모의 상부와 머리 상부 사이의 간격은 25mm 이상 유지해야 한다.
　　• 턱 조절끈은 반드시 알맞게 조절한다.

14-2 통행과 운반

1. 통행시 안전수칙

① 통행로 위의 높이 2m 이하에는 장애물이 없도록 한다.
② 기계와 다른 시설물과의 사이의 통행로 폭은 80cm 이상으로 한다.
③ 좌측 통행을 준수한다.
④ 가능하면 작업장에서는 뛰지 않는다.
⑤ 한눈을 팔거나 주머니에 손을 넣고 걷지 않는다.
⑥ 높은 작업장 밑을 통과할 때 조심한다.
⑦ 작업자나 운반자에게 통행을 양보한다.
⑧ 통행로에 설치된 계단은 다음 사항을 고려하여 설치한다.
　㉠ 견고한 구조로 한다.
　㉡ 경사는 심하지 않게 한다.
　㉢ 각 계단의 간격과 너비는 동일하게 한다.
　㉣ 적어도 한쪽에는 손잡이를 설치한다.
　㉤ 높이 5m를 초과할 때에는 높이 5m 이내마다 계단실을 설치한다.

2. 운반시 안전수칙

① 운반차는 규정 속도를 지켜야 한다.
② 운반시 시야를 가리지 않아야 한다.
③ 승용석이 없는 운반차에는 승차하지 않는다.
④ 빙판의 운반시 미끄럼에 주의한다.
⑤ 긴 물건에는 끝에 표지를 단 후 운반한다.
⑥ 통행로와 운반차, 기타의 시설물에는 안전표지 색을 이용한 안전표지를 한다.

14-3 수공구류 안전 수칙

1. 해머 작업의 안전

① 녹이 슨 재료를 작업할 때 보호안경을 착용한다.
② 기름이 묻은 손이나 장갑을 끼고 작업하지 않는다.

③ 처음부터 큰 힘을 주어 작업하지 않고, 처음에는 서시히 타격한다.
④ 해머를 자루에 꼭 끼우고 손잡이가 금이 갔거나 머리가 손상된 것은 사용하지 않는다.
⑤ 좁은 곳이나 발판이 불안한 곳에서는 해머작업을 하지 않는다.
⑥ 해머는 자기 체중에 비례해서 선택하고, 자기 역량에 맞는 것을 선택해서 사용한다.

2. 정 작업의 안전

① 날끝이 결손된 것이나 둥글어진 것은 사용하지 않는다.
② 정은 기름을 깨끗이 닦은 후에 사용한다.
③ 따내기 작업시는 보호안경을 착용한다.
④ 작업 중의 시선을 항상 정 끝을 주시하고, 절단시 조각의 비산에 주의한다.
⑤ 정을 잡은 손의 힘을 빼고 작업한다.
⑥ 정 작업은 처음에는 가볍게 두들기고 목표가 정해진 후에 차츰 세게 두들기며, 작업이 끝날 때는 타격을 약하게 한다.
⑦ 담금질한 재료를 정으로 치지 말 것.
⑧ 절삭면을 손가락으로 만지거나 절삭 칩을 손으로 제거하지 말 것.

3. 스패너 작업의 안전

① 스패너를 해머대용으로 사용하지 않는다.
② 너트에 꼭 맞게 사용한다.
③ 너트에 스패너를 깊이 물려서 약간씩 앞으로 당기는 식으로 풀고 조이는 작업을 한다.
④ 작은 볼트에 너무 큰 스패너를 사용하지 않는다.
⑤ 스패너에 파이프를 끼우거나 해머로 두들겨서 돌리지 않는다.
⑥ 스패너와 너트 사이에 쐐기를 끼워 사용하지 않는다.

4. 드라이버 작업

① 드라이버는 홈의 나비와 길이에 맞는 것을 사용한다.
② 드라이버의 이가 빠지거나 둥글게 된 것은 사용하지 않는다.
③ 작업 중 드라이버가 빠지지 않도록 한다.
④ 용도 이외의 다른 목적으로 사용하지 않는다.

14-4 다듬질의 안전수칙

1. 바이스 작업

① 작업 중 바이스를 자주 조인다.
② 조(jaw)의 중심에 공작물이 오도록 고정한다.
③ 가공물에 체결한 다음에는 반드시 핸들을 밑으로 내린다.
④ 둥근 가공물은 프리즘(prism)형 보조구를 이용하여 고정한다.
⑤ 불안정한 공작물, 무거운 공작물을 고정할 때는 공작물 밑에 나무 조각 등의 대를 받쳐서 작업 중에 공작물이 낙하하지 않도록 한다.

2. 줄 작업의 안전

① 줄에 담금질 균열이 있는 것은 사용 중에 부러질 우려가 있으므로 잘 점검한다.
② 줄자루는 소정의 크기의 것으로 튼튼한 쇠고리가 끼워진 것을 선택하고 자루를 확실하게 고정하여 사용한다.
③ 칩은 입으로 불거나 맨손으로 털지 말고 반드시 브러시로 털어낸다.
④ 줄을 레버나 잭 핸들 또는 해머 대신 사용해서는 안된다.
⑤ 줄질 후 쇳가루(칩)를 입으로 불어내지 않도록 한다.
⑥ 바른 손에 힘을 주고 왼손은 균형을 잡도록 한다.
⑦ 자루를 단단히 끼우고 사용한다.
⑧ 줄을 밀 때, 체중을 몸에 가하여 줄을 민다
⑨ 눈은 항상 가공물을 보면서 작업한다
⑩ 줄을 당길 때는 가공물에 압력을 주지 않는다

3. 쇠톱 작업의 안전

① 작업 중 톱날이 부러져서 상처를 입지 않도록 한다.
② 쇠톱자루와 테의 선단을 잘 붙들고 좌우로 흔들리지 않도록 작업한다.
③ 절삭이 끝날 무렵에는 힘을 빼고 가볍게 사용한다.

4. 스크레이퍼 작업의 안전

① 스크레이퍼의 절삭날은 날카로우므로 특히 유의하여 취급한다.
② 작업을 할 때는 공작물이 미끄러지지 않도록 고정시킨다.
③ 스크레이퍼를 대는 방향은 매회마다 90°로 바꾼다.
④ 광명단은 얼룩없이 고르게 바른다.

⑤ 피삭재의 재질에 따라 적당한 크기의 스크레이퍼를 택한다.
⑥ 문지를 때 너무 세게 누르지 않는다.
⑦ 공작물의 표면은 깨끗이 닦아낸다.

5. 탭 작업의 안전

① 공작물을 수평으로 단단히 고정시킨다.
② 구멍의 중심과 탭의 중심을 일치시킨다.
③ 탭 핸들에 무리한 힘을 가하지 말고 수평을 유지시킨다.
④ 탭을 한쪽 방향으로만 돌리지 말고 가끔 역회전하여 칩을 배출시킨다.
⑤ 기름을 충분히 넣어 준다.

> **참고** **탭이 부러지는 원인**
> ① 구멍이 작을 때 ② 탭이 구멍 바닥에 부딪혔을 때
> ③ 칩의 배출이 원활하지 않을 때 ④ 구멍이 바르지 못할 때
> ⑤ 핸들에 무리한 힘을 주었을 때

14-5 공작기계 작업시 안전수칙

1. 공작기계의 안전수칙

① 기계에 주유할 때에는 정지 상태에서 한다.
② 이송을 걸어 놓은 채 기계를 정지시키지 않는다.
③ 기계의 회전을 손이나 공구로 멈추지 않는다.
④ 가공물, 절삭공구의 설치를 견고하게 한다.
⑤ 절삭 공구는 짧게 설치하고 절삭성이 나쁘면 교환하여 사용한다.
⑥ 칩이 비산할 때는 보안경을 사용한다.
⑦ 사용한 공구는 공구상자에 보관한다.
⑧ 칩을 제거할 때는 브러시나 칩 클리너를 사용하고 맨손으로 하지 않는다.
⑨ 절삭 및 회전 중에는 손으로 공작물의 절삭면을 만지거나 측정하지 않는다.
⑩ 운전 중 기계에서 이탈하지 않으며, 고장기계는 반드시 표시한다.

2. 선반 작업의 안전

① 연속적인 칩(chip)은 쇠솔을 사용하여 제거한다.
② 가공물의 설치는 전원 스위치를 끄고 바이트를 충분히 뗀 다음 설치한다.

③ 공작물의 설치가 끝나면 척 핸들, 렌치는 떼어 놓고, 기계위에 놓아서는 안 된다.
④ 편심된 가공물의 설치는 균형추를 부착하여 작업한다.
⑤ 바이트는 기계를 정지시킨 후 가급적 짧고 견고하게 고정한다.
⑥ 측정 및 속도 변환은 반드시 기계를 정지 후에 한다.
⑦ 돌리개는 적당한 크기의 것을 선택하고 심압대 스핀들이 지나치게 나오지 않도록 한다.
⑧ 줄 작업이나 사포로 연마할 때는 몸 자세 및 손동작에 유의 한다.

3. 밀링 작업의 안전

① 절삭 공구 설치시 시동 레버와 접촉하지 않도록 한다.
② 공작물 설치시 절삭 공구의 회전을 정지시킨다.
③ 상하 이송용 핸들은 사용 후 반드시 빼놓는다.
④ 가공 중에는 기계에 얼굴을 가까이 대지 않는다.
⑤ 절삭 공구에 절삭유를 주유할 때에는 커터 위에서부터 한다.
⑥ 칩이 비산하는 재료는 커터 부분에 커버를 하든가 보안경을 착용한다.
⑦ 작업 중에 갑자기 정전되었을 때에는 기계에 부착된 스위치를 끄고, 경우에 따라 메인 (main) 스위치도 끈다. 이때 절삭공구는 공작물에서 떼어 놓는다.
⑧ 절삭 중에는 장갑을 착용하지 않으며, 칩을 제거할 때에는 반드시 브러시를 사용한다.

4. 연삭 작업의 안전

① 숫돌차는 기계에 규정된 것을 사용한다.
② 숫돌을 설치하기 전에 나무망치로 숫돌을 때려 조사한다.(균열이 있으면 탁한 소리가 난다.)
③ 숫돌의 커버를 벗겨 놓은 채 사용해서는 안 된다.
④ 숫돌차의 안지름은 축의 지름보다 0.05~0.1mm 정도 커야 한다.
⑤ 플랜지는 좌우 같은 것을 사용하고 숫돌 바깥지름의 1/3 이상의 것을 사용한다.
⑥ 플랜지와 숫돌 사이에는 플랜지와 같은 크기의 패킹을 양쪽에 끼우고 너트를 너무 강하게 조이지 않도록 주의한다.
⑦ 숫돌은 3분 이상, 작업 개시 전에는 1분 이상 시운전 한다. 그때, 숫돌의 회전 방향으로 부터 몸을 피하여 안전에 유의한다.
⑧ 숫돌과 받침대의 간격은 항상 3mm(1.5mm 정도) 이하로 유지하고 연삭숫돌과 덮개의 간격은 3~10mm를 유지한다.
⑨ 공작물과 숫돌은 조용하게 접촉하고, 무리한 압력으로 연삭해서는 안 된다.
⑩ 공작물은 받침대로 확실하게 지지한다.
⑪ 소형 숫돌은 측압에 약하므로 컵형 숫돌외는 측면사용을 피한다.
⑫ 안전 차폐막을 갖추지 않은 연삭기를 사용할 때는 방진 안경을 사용한다.

5. 세이퍼, 플레이너 작업의 안전

① 테이블의 행정에 따라서 미리 안전책을 배치한다.
② 테이블의 행정 내에 장애물이 없는가를 확인한 후 시동한다.
③ 작업 중 테이블에 발을 올려놓지 않도록 주의한다.
④ 운전 중 램의 운전 방향에 서있지 않는다.
⑤ 램의 행정 내에 장애물이 있어서는 안된다.

6. 드릴 작업의 안전

① 일감을 정확하게 고정하고 장갑을 사용하지 말아야 한다.
② 테이블 위에서는 공작물에 펀치질을 해서는 안 되며, 작업할 때 옷소매가 길거나 찢어진 옷을 입으면 안 된다.
③ 벨트 등의 동력전달장치에 커버를 설치한다.
④ 드릴은 양호한 것을 사용하고, 생크에 상처나 균열이 있는 것을 사용하지 않는다.
⑤ 드릴을 고정하거나 풀 때는 주축이 완전히 멈춘 후에 한다.
⑥ 회전하고 있는 주축이나 드릴에 손이나 걸레를 대거나 머리를 가까이 하지 않는다.
⑦ 작은 물건은 바이스나 고정구로 고정하고 직접 손으로 잡지 말아야 한다.
⑧ 얇은 물건을 드릴 작업할 때는 밑에 나무 등을 놓고 구멍을 뚫어야 한다.
⑨ 드릴 끝이 가공물의 맨 밑에 나올 때, 가공물이 회전하기 쉬우므로 이송을 느리게 한다.
⑩ 가공 중 드릴이 가공물에 박히면 기계를 정지시키고 손으로 돌려서 드릴을 뽑아야 한다.
⑪ 드릴이나 소켓 등을 뽑을 때는 드릴 뽑개를 사용하며, 해머 등으로 두들겨 뽑지 않도록 한다.
⑫ 드릴 및 척을 뽑을 때는 주축과 테이블의 간격을 좁히고 테이블 위에 나무 조각을 놓고 받는다.

7. 용접작업 안전수칙

(1) 산소용접

① 용접 작업시 적당한 차광 안경을 사용한다.
② 점화시 아세틸렌 밸브를 먼저 열고 점화한 뒤 산소 밸브를 연다.
③ 충전된 산소병은 직사광선이 직접 투사하는 곳에 놓지 않도록 한다.
④ 작업 후 산소 밸브를 먼저 닫고 아세틸렌 밸브를 닫는다.
⑤ 점화는 성냥불이나 담뱃불로 하지 않도록 한다.
⑥ 역화가 일어났을 때는 즉시 산소 밸브를 잠근다.
⑦ 산소 발생기에서 5m 이내, 발생기실에서 3m 이내의 장소에서 흡연과 화기를 사용하거나 불꽃이 일어나는 행위를 금한다.

⑧ 아세틸렌 사용압력은 1 [kg/cm^2]을 사용하고, 산소 용접기의 압력은 150[kg/cm^2] 이하로 사용한다.
⑨ 사용 중 용기의 개폐 밸브용 핸들은 만일에 대비하여 용기 가까이에 둔다.
⑩ 아세틸렌 누출 유무는 비눗물을 사용하여 검사한다.
⑪ 용접 작업 중 유해가스, 연기, 분진 등의 발생이 심한 때에는 방진 마스크를 사용한다.

(2) 전기 용접

① 용접시에는 소화기 및 소화수를 준비한다.
② 우천시 옥외 작업을 금한다.
③ 홀더는 항상 파손되지 않은 것을 사용한다.
④ 용접봉을 갈아 끼울 때는 홀더의 충전부에 몸이 닿지 않도록 주의한다.
⑤ 작업시에는 반드시 보호장비를 착용한다.
⑥ 벗겨진 홀더는 사용하지 않도록 한다.
⑦ 작업 중단시는 전원 스위치를 끄고 커넥터를 풀어준다.
⑧ 피용접물은 코드를 완전히 접지시킨다.
⑨ 환기장치가 완전한 일정한 장소에서 용접한다.
⑩ 보호장갑 및 에이프런(앞치마), 정강이받이 등을 착용한다.

14-6 산업안전

1. 산업 재해의 직접원인 및 간접원인

(1) 직접원인

인적원인 (불안전한 행동 : 88%)	물적원인 (불안전한 상태 : 10%)
- 위험 장소 접근 - 안전장치의 기능 제거 - 복장. 보호구의 잘못 사용 - 운전중인 기계 장치의 손실 - 기계 기구의 잘못 사용 - 불안전한 속도 조작 - 위험물 취급 부주의 - 불안전한 상태 방치 - 불안전한 자세 동작	- 물품 자체의 결함 - 안전 방호장치의 결함 - 복장. 보호구의 결함 - 기계의 배치 및 작업 장소의 결함

(2) 간접원인

기술적 원인, 교육적 원인, 신체적 원인, 정신적 원인, 관리적 원인

2. 안전 표지와 색체 사용도

① **적색(빨간색)** : 고도의 위험, 방화금지, 방향표시, 정지, 규제
② **오렌지색(주황색)** : 항공의 보안시설, 위험, 일반위험
③ **황색** : 피난, 주의 표시(충돌, 장애물 등)
④ **녹색** : 안전지도, 위생표시, 대피소, 구호소 위치, 진행.
⑤ **청색** : 지시, 주의 수리 중, 송전중 표시
⑥ **진한 보라색(자주색)** : 방사능 위험표시
⑦ **백색** : 주의표시(글씨 및 보조색), 통로, 정리 정돈
⑧ **흑색** : 방향표시, 글씨
⑨ **파랑색** : 출입금지

3. 산업 재해율

(1) 천인율

재해발생 빈도를 나타낸다.

$$\text{천인율} = \frac{\text{근로재해건수}}{\text{평균근로자수}} \times 1,000$$

(2) 도수율

재해발생 빈도를 나타낸다.

$$\text{도수율} = \frac{\text{근로재해건수}}{\text{근로연시간수}} \times 1,000,000$$

(3) 강도율

재해발생에 의한 손실 정도를 나타낸다.

$$\text{강도율} = \frac{\text{근로총손실일수}}{\text{근로연시간수}} \times 1,000$$

4. 소화기 종류와 용도

소화기 \ 종류	보통화재(A급)	기름화재(B급)	전기화재(C급)
포말소화기	적합	적합	부적합
분말소화기	양호	적합	양호
CO_2 소화기	양호	양호	적합

5. 작업장의 조명

장 소	조명도(lux)
초정밀 작업	600 Lux이상
정밀 작업	300 Lux이상
보통 작업	150 Lux이상
거친 작업	60 Lux이상
옥내의 전반적인 조명	30~50 Lux 정도 유지

6. 통로 및 작업장

① 옥내 통로는 통로면으로부터 2m 이내에 장애물이 없도록 한다.
② 기계 사이의 통로 너비는 80cm 이상으로 한다.
③ **비상용 통로** : 비상시 피난할 수 있는 곳으로 2곳을 설치한다.
　㉠ 폭발성, 발화성, 인화성 등의 물품을 제조, 취급하는 옥내에 설치한다.
　㉡ 상시 50인 이상의 옥내 작업장에 설치한다.

7. 계 단

계단은 높이 5m를 초과할 때는 높이 5m 이내마다 적당한 계단실을 설치한다. 적어도 한 쪽에는 손잡이를 설치한다.

8. 비상용 계단

지하층 또는 2층 이상에서 상시 20인 이상 근로자가 취업하는 경우, 옥외로 통하는 계단을 2개 이상 설치한다.

핵심 기계제작법

초판 인쇄	2012년 10월 10일
초판 발행	2012년 10월 15일

지은이 ▪ 홍기환
펴낸이 ▪ 홍세진
펴낸곳 ▪ 세진북스

주소 ▪ (우)413-100 경기도 파주시 교하로 595-24(동패동 623-1)
전화 ▪ 031-957-3092
팩스 ▪ 031-957-3093
홈페이지 ▪ http://www.sejinbooks.kr

출판등록 ▪ 제 315-2008-042호(2008.12.9)
ISBN ▪ 978-89-97490-58-5 13550

값 ▪ **12,000원**

- 이 책의 출판권은 도서출판 세진북스가 가지고 있습니다.
- 이 책의 일부 또는 전체에 대한 무단 복제와 전재를 금합니다.

 세진북스에는 당신과 나 그리고 우리의 미래가 있습니다.